学びや[illegible]つのポイント

本書は、プ[illegible]対象に、わかりやすく丁寧な解説を行い、初心者の方がつまずきやすいポイントもしっかりフォローしています。ここでは、本書でJavaのプログラミングが身に付く4つのポイントについてご紹介します。

POINT 1 Javaプログラムの基本がしっかりわかる！

配列の定義

配列を定義する場合、配列を操作する変数名を定義した後、キーワードnewとデータ型、要素[illegible]す。キーワードnewは、配列やクラスの実体（オブジェクト）を定義するときに利用する演算子[illegible]。その後、各要素に対して値を代入していきます。

構文
```
データ型名[] 変数名;
変数名 = new データ型名[要素数];
変数名[要素番号] = 値;
    または
データ型名[] 変数名 = new データ型名[要素数];
変数名[要素番号] = 値;
```

例：要素数3のint型の配列を作成し、配列を参照するための配列scoreを宣言して代入する。配列scoreの1番目の要素に数値「80」を代入する。

```
// 配列を参照するための配列scoreを宣言
int[] score
// 要素数3のint型の配列を作成し、配列を参照するための配列scoreに代入
score = new int[3];
// 配列scoreの1番目の要素に数値「80」を代入
score[0] = 80;
```

例：要素数3のint型の配列を作成し、配列を参照するための配列scoreを宣言して代入する。配列scoreの1番目の要素に数値「80」を代入する。

```
// 要素数3のint型の配列を作成し、配列を参照するための配列scoreを宣言して代入
int[] score = new int[3];
// 配列scoreの1番目の要素に数値「80」を代入
score[0] = 80;
```

上の1番目の例の動きについて、図で示します。

int[] score;　　score　　まだ何も参照していない状態

score = new int[3];

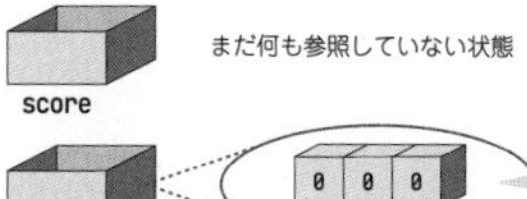

キーワードnewを指定して配列を作成した時点で、既定値が入る。int型の場合は各要素に値「0」が入る。

値「80」を代入

score[0] = 80;

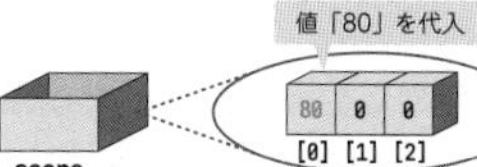

76

プログラムの基本となる構文（文法）について、シンプルにわかりやすく説明しています。

構文を使った簡単な例を紹介しています。構文をどのように使うのかがわかります。

イメージしにくい部分では、図解や解説文によって理解しやすくなっています。

手を動かして実行結果を確認して内容理解！

実践してみよう

次のプログラムは、配列に３つの要素を格納し、繰り返し処理を行ってすべ

構文の使用例

プログラム：Example4_2_4.java

```
01 class Example4_2_4 {
02     public static void main(String[] args) {
03         int[] num = {10, 20, 30};
04
05         for (int i = 0; i < num.length; i++) {
06             System.out.println(num[i]);
07         }
08     }
09 }
```

解説

01 Example4_2_4クラスの定義を開始する。
02 mainメソッドの定義を開始する
03 数値「10」「20」「30」を要素とするint型の配列を作成し、その配列を参照するための配列numを宣言して代入する。
04
05 for文を開始する。変数iを宣言して初期値の数値「0」を代入する。変数iの値が配列numの要素数の値より小さい間繰り返す。1回の繰り返しが終わるたびに変数iの値を1加算する。
06 配列num[変数iの値]の値を表示する。
07 for文を終了する。
08 mainメソッドの定義を終了する。
09 Example4_2_4クラスの定義を終了する。

実行結果　※プログラムをコンパイルした後に実行してください

```
C:\Users\FOM出版\Documents\FPT2311\04>javac Example4_2_4.java

C:\Users\FOM出版\Documents\FPT2311\04>java Example4_2_4
10
20
30

C:\Users\FOM出版\Documents\FPT2311\04>
```

構文の使用例（プログラムの実践例）を紹介します。どのようにプログラムを記述すればよいのか、実例ベースでしっかりわかります。

プログラムの１行１行すべての動きを解説しています。１行でも不明な部分があると理解できないのがプログラムです。

プログラムのすべての実行結果を確認できます。実際に手を動かした実行結果と見比べることで、理解が深まります。

POINT 3

挫折しやすい部分を徹底フォロー

プログラミングをはじめて学ぶときの挫折しやすい部分を「よく起きるエラー」として随所で取り上げます。

よく起きるエラー①

配列の要素数を超えた要素番号を指定すると、実行時にエラーとなります。

実行結果 ※実行時にエラー

```
C:\Users\FOM出版\Documents\FPT2311\04>javac Example4_2_4_e1.java

C:\Users\FOM出版\Documents\FPT2311\04>java Example4_2_4_e1
10
20
30
Exception in thread "main" java.lang.ArrayIndexOutOfBoundsException: Index 3 out of bounds for length 3
        at Example4_2_4_e1.main(Example4_2_4_e1.java:6)

C:\Users\FOM出版\Documents\FPT2311\04>
```

- エラーの発生場所：6行目「System.out.println(num[i]);」
- エラーの意味　　：配列の要素数(=3)を超えた要素番号(=3)を指定している。

エラーがどこで発生しているのか、そのエラーの意味は何かを解説します。

プログラム：Example4_2_4_e1.java

```
01 class Example4_2_4_e1 {
02     public static void main(String[] args) {
03         int[] num = {10, 20, 30};
04
05         for (int i = 0; i <= num.length; i++) {
06             System.out.println(num[i]);
07         }
08     }
09 }
```

「<」とすべきを誤って「<=」と記述した

- 対処方法：5行目の「<=」を「<」に修正する。

エラーの対処方法を解説します。どこを修正したら正常に動作するようになるのかわかります。

参考となる情報も充実

知っておくと便利なテクニックや、さらに深掘りした知識など、参考となる情報も充実しています。

Reference

コメントアウト

一度記述したプログラムを変更するときに、記述した内容を消さずにコメントにして残すことを**コメントアウト**といいます。

プログラム：元の状態

```
System.out.println("名前 : 富士");
System.out.println("性別 : 男性");
```

プログラム：一部をコメントアウト

```
System.out.print("名前 : 富士");
// System.out.println("性別 : 男性");
```

プログラムの一部をコメントアウト

プログラムのコメントアウトは、デバッグのときによく利用します。例えば、確認している部分と無関係の場所をコメントアウトすることで、処理を簡素化して確かめやすくします。あるいは、一部をコメントアウ

実習問題で実力がバッチリ身に付く！

実習問題①

次の実行結果例となるようなプログラムを作成してください。

実行結果例　※プログラムをコンパイルした後に実行してください

```
C:\Users\FOM出版\Documents\FPT2311\04>javac Example4_2_4_p1.java

C:\Users\FOM出版\Documents\FPT2311\04>java Example4_2_4_p1
**********
C:\Users\FOM出版\Documents\FPT2311\04>
```

「*」を10個横に表示

- 概要　　　：文字「*」を10個横に表示する。
- 実習ファイル：Example4_2_4_p1.java
- 処理の流れ
  - for文を使って、10回処理を繰り返す。
  - 文字「*」を表示する。なお、表示後に改行しない。

for文を使い、10回繰り返す条件式を考えてみよう。

実習問題として取り組む「実行結果例」をみて、同じように動作するプログラムを作成します。

解答例

プログラム：Example4_2_4_p1.java

```
01 class Example4_2_4_p1 {
02     public static void main(String[] args) {
03         // 繰り返し処理で"*"を10回表示する
04         for (int i = 0; i < 10; i++) {
05             System.out.print("*");
06         }
07     }
08 }
```

実習問題の解答例を紹介します。実際に作成したプログラムと比べることで、さらに実力が身に付きます。

解説

01 Example4_2_4_p1クラスの定義を開始する。
02 mainメソッドの定義を開始する。
03 コメントとして「繰り返し処理で"*"を10回表示する」を記述する。
04 for文を開始する。変数iを宣言して初期値の数値「0」を代入する。変数iの値が数値「10」の値より小さい間繰り返す。1回の繰り返しが終わるたびに変数iの値を1加算する。
05 文字「*」を表示する。なお、表示後に改行しない。

144

解答例のプログラムの１行１行すべての動きを解説しています。これによりプログラム全体の理解が深まります。

学習するプログラムのコードはすべてダウンロード可能

本書で学習するすべてのプログラム（実習問題や参考のプログラムも含めて）をダウンロードできるようにしています（詳細は表紙裏を参照）。

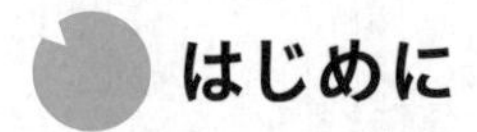

はじめに

Javaは、1995年に登場したオブジェクト指向型のプログラミング言語です。情報システムの開発において採用されるケースが多く、すでにプログラミング言語としての地位を確立しています。

富士通ラーニングメディアでは、Javaに関する研修コースをラインナップとしてご提供しており、その中でも入門レベルに相当し、人気のある「プログラミング入門（Java編）」の研修コースの内容をベースにして、今回書籍化しました。

本書は、研修コースの特徴を活かし、プログラミング実習を数多く収録した作りとしています。実際に手を動かすことで、基本的なJavaの文法をマスターできるようにしています。Javaによるプログラミングで必要となる基本的な文法には、変数、データ型、配列、演算子、制御構造、メソッド、などがあります。

本書では、基本的な文法について、「①文法のルール（構文の使い方）→②文法のルールに従ったプログラム例→③プログラム例の実行結果」の流れで学習します。たくさんのプログラムを実際に手を動かすことで、プログラムがなぜそう動くのかをしっかり理解できるように解説しています。また、最後の章では、Javaの特徴を活かしてプログラミングできる「オブジェクト指向」にも触れています。

プログラミングの書籍は、一度挫折すると以降は進められない傾向がありますが、プログラムが正しく動かない場合の「よく起きるエラー」を随所でご紹介し、そのエラー原因と対処方法を解説しています。これにより、自習書でも挫折をしないようにしています。

富士通ラーニングメディアの「Java関連の研修コース」は、充実したラインナップ体系になっており（具体的には本書の付録でご説明）、本書で「プログラミング入門（Java編）」コース相当の知識を習得していただいたあとは、その上位の研修コースとしてオブジェクト指向の詳細を学ぶ「Javaプログラミング基礎」や、さらにWebアプリケーションの作成（サーブレット／JSP）を学ぶ研修コースなどがありますので、受講いただくことでさらにJavaの上位スキルを習得していただくことができます。

本書で学習していただくことによって、Javaの基礎的な知識を徹底的に身に付けていただければと思います。

2023年10月5日
FOM出版

目次

本書をご利用いただく前に

本書で学習を進める前に、ご一読ください。

1 本書の記述について

操作の説明のために使用している記号には、次のような意味があります。

記述	意味	例
[ ]	キーボード上のキーを示します。	[Enter]
[ ]+[ ]	複数のキーを押す操作を示します。	[Ctrl]+[C] ([Ctrl]を押しながら[C]を押す)
《 》	メニューや項目名などを示します。	《開く》をクリック
「 」	入力する文字列や、理解しやすくするための強調などを示します。	「java -version」と入力 文字列「富士」を代入する

実践してみよう　プログラムの動きを確認する実践的な解説

実習問題　実習問題

構文の使用例　Javaの構文を使ったプログラムの例

解答例　実習問題の標準的な解答例

よく起きるエラー　エラーになりやすい部分の紹介

Reference　参考となる情報

2 製品名の記載について

本書では、次の名称を使用しています。

正式名称	本書で使用している名称
Windows 11	Windows
JDK 20	Java

3 学習環境について

本書は、インターネットに接続できる環境で学習することを前提にしています。インターネットから次のソフトをダウンロードしてインストールし、学習を進めていきます。

JDK 20

本書を開発した環境は、次のとおりです。

OS	Windows 11 Pro（バージョン22H2　ビルド22621.2134）
Java	JDK 20.0.1
ディスプレイの解像度	1280×768ピクセル

※本書は、2023年7月時点のJavaの情報に基づいて解説しています。
今後のアップデートによって機能が更新された場合には、本書の記載の通りに操作できなくなる可能性があります。
※Windows 11のバージョンは、■（スタート）→《設定》→《システム》→《バージョン情報》で確認できます。
また、Javaのバージョンを確認する方法は、P.27を参照ください。

4 学習用ファイルのダウンロードについて

本書で使用するファイル（プログラム）は、FOM出版のホームページで提供しています。表紙裏の「ご購入者特典」を参照して、ダウンロードしてください。ダウンロード後は、表紙裏の「学習用ファイルの利用方法」を参照して、ご利用ください。

5 本書の最新情報について

本書に関する最新のQ&A情報や訂正情報、重要なお知らせなどについては、FOM出版のホームページでご確認ください（アドレスを直接入力するか、「FOM出版」でホームページを検索します）。

ホームページ・アドレス
https://www.fom.fujitsu.com/goods/

ホームページ検索用キーワード
FOM出版

※アドレスを入力するとき、間違いがないか確認してください。

第1章

Javaの概要を理解する

1-1 プログラムの概要

私たちの身の回りはプログラムであふれています。Javaについて知る前に、まずはプログラムが何を指す言葉なのか、プログラムはどうやって作るかなど、基本的な知識をおさえておきましょう。

1-1-1 プログラムとは

プログラムは、コンピュータを制御するための命令の集まりのことで、コンピュータで実行する処理の手順が示されています。プログラムがなければ、コンピュータの電源を入れても何も起こりません。コンピュータにインストールされている（組み込まれている）WindowsやmacOSなどのOS（オペレーティングシステム）や文書作成ソフト、表計算ソフトもプログラムの１つです。ほかにもスマートフォンにインストールして遊ぶゲームアプリケーションや、業務システムに使うサーバに入っている様々なアプリケーションもプログラムです。

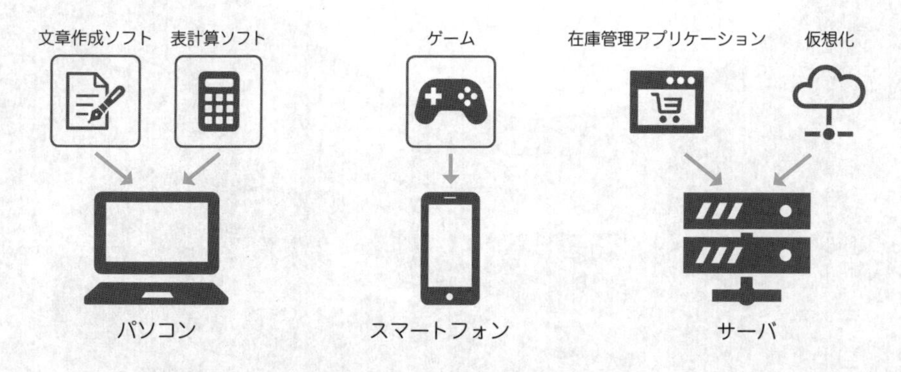

プログラムを使うことで、様々な作業を効率よく行えるようになります。例えば、文書作成ソフトを使うことで体裁の整った文章の作成が容易になったり、表計算ソフトを使うことで複雑な計算も瞬時に行えたりします。

これを実現しているのは、OSとアプリケーションの２つのプログラムです。文書作成ソフトや表計算ソフトのような特定の作業をするために作られたプログラムを**アプリケーション（アプリ）**といいます。コンピュータには必ず**OS**と呼ばれるソフトウェアが用意されています。OSはコンピュータを使うための基盤となるプログラムで、キーボードやマウス、メモリ、ストレージなどのハードウェアを制御しており、アプリケーションとハードウェアの仲介役といえます。表計算、文書作成、ゲームなどのアプリケーションは、OSの機能を通してキーボードやマウスからの入力を受け付けたり、画面に表示したりします。

プログラミング言語とは

ちょっと難しい話をしますが、コンピュータが理解できるのは、**マシン語（機械語）**と呼ばれる言語のみです。しかし、マシン語は0と1だけで表現されており、人間が理解できるような形式にはなっていません。そこで、人間が理解しやすい言葉でコンピュータに指示をできるようにと作られたものが、**プログラミング言語**です。

マシン語のプログラムを**ネイティブコード**といい、プログラミング言語を使って書いたプログラムを**ソースコード**といいます。プログラムを実行する際は、ソースコードからネイティブコードへの変換が必要になります。

つまり、プログラミング言語はソースコードを記述するための言語なのです。また、プログラミング言語を使ってソースコードを記述することを**プログラミング**といいます。

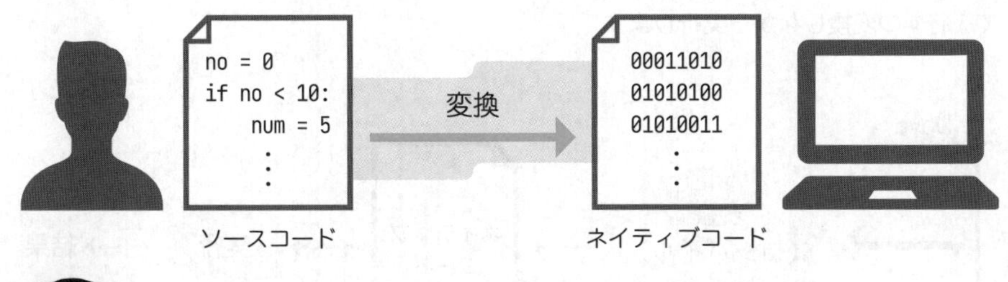

マシン語しかなかった時代は、0と1だけでコンピュータへの命令を作っていたから、現代のように複雑な命令は作れなかったそうだよ。

プログラムの変換および実行方法

ソースコードを変換する方法は、大きく分けて**コンパイラ**と**インタープリタ**の2つです。

コンパイラは、読み込んだソースコードをまとめてネイティブコードに変換（**コンパイル**といいます）し、そのあと実行します。

コンパイラ

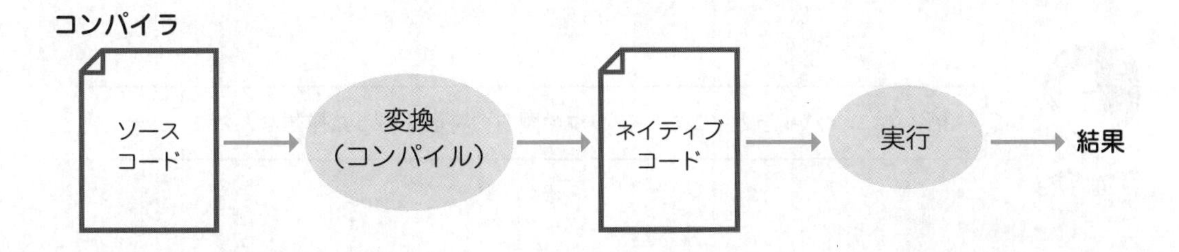

これに対して、インタープリタは読み込んだソースコードを1行ずつ変換しながら実行します。

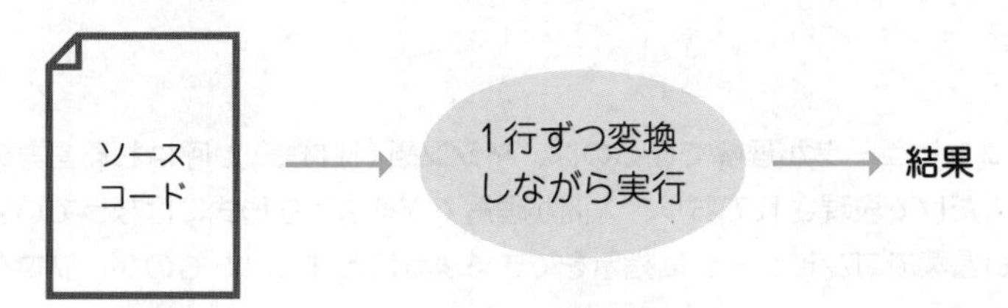

コンパイラはソースコードをまとめて変換するため実行するまでに時間がかかりますが、プログラムの実行速度は早い点がメリットです。インタープリタは、変換しながら実行するため実行速度はコンパイラに劣りますが、ソースコードを書いてすぐに実行できるため（コンパイラのように変換の待ち時間がないため）、ソースコードの動作確認と修正をしやすいといえます。

コンパイラとインタープリタという難しい話をしましたが、Javaではコンパイラとインタープリタの両方を使います。次のようなイメージで、コンパイラで「バイトコード（中間コード）」に一旦変換して、インタープリタで1行ずつ変換しながら実行します。

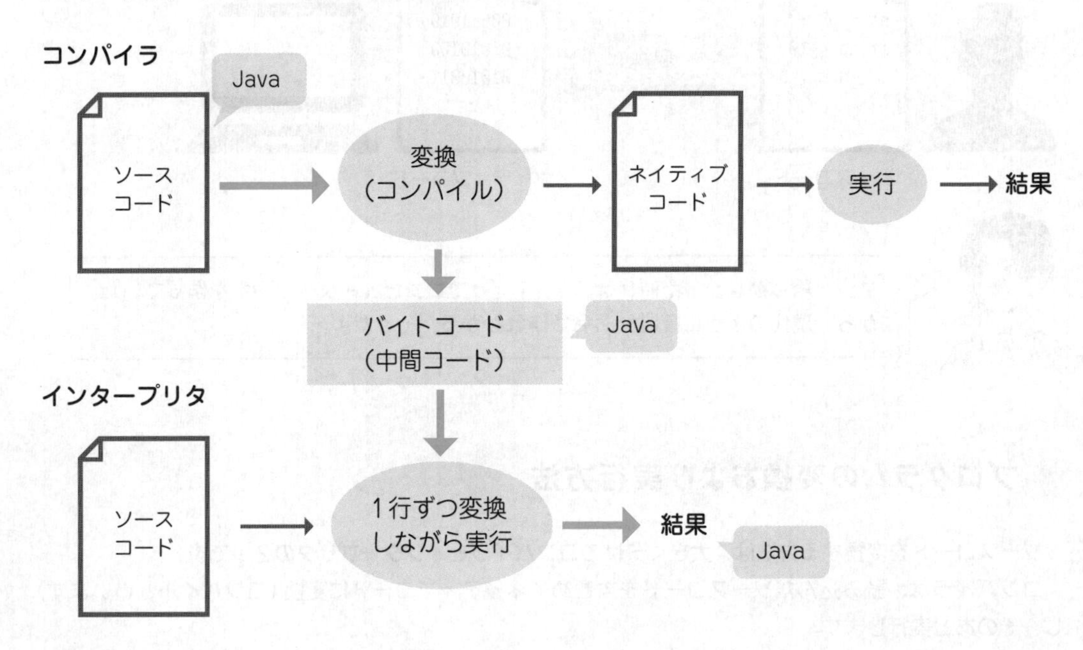

Javaはコンパイラとインタープリタの両方の特徴をもった言語なんだ！

プログラムを開発する流れ

ここでは、プログラムを開発する際の一般的な流れについて説明します。本格的にプログラミングするときには、このような手順が必要になりますが、Javaの基礎知識を習得する際には必要ありません。

プログラムを開発するときは、いきなりプログラミングをはじめるのではなく、どんな機能を作るのか、どういった処理の流れ（プログラムを実行する順序）にするのかなどを決める必要があります。また、プログラムを作ったあとは、想定どおりに動くかどうかのテストも必要です。この流れを整理すると、次の図の４段階となります。

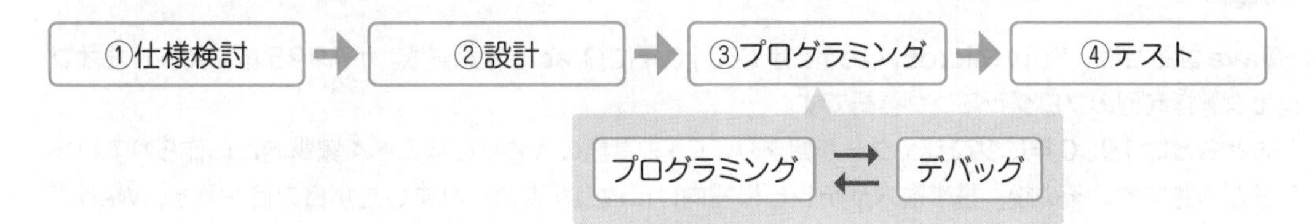

①の仕様検討では、プログラムで何を解決したいか（紙で管理していたデータをコンピュータで管理したい、事務作業を自動化したい、古くなったアプリを新しくしたいなど）、どんなアプリを作りたいかをまとめます。仕様検討はプログラマ（プログラミングを行う人）のみで行うこともあれば、ユーザ（実際にプログラムを使う人）とプログラマが協力して行う場合もあります。また、どんなアプリを作るかをまとめた資料は**仕様書**と呼ばれます。

②の設計では、プログラマが仕様書をもとにどのプログラミング言語を使うかを決め、どのような処理の流れにするかをまとめます。どのような処理の流れにするかをまとめた資料は、**設計書**と呼ばれます。

設計書ができたところで、③のプログラミングをはじめます。設計書にまとめた処理の流れになるようにプログラムを作っていきますが、適宜**デバッグ**と呼ばれる作業を行います。デバッグとは、プログラムの**バグ**（プログラムコードの誤りや欠陥）を見つけて修正する作業のことです。ソースコードを変換・実行して、意図したとおりの処理が実行されているかを確認し、問題があった場合はソースコードを修正します。

④のテストでは、完成したプログラムが仕様書にまとめた内容を実現できているかどうかを確認します。ユーザにプログラムをテストしてもらい、仕様を満たしていない場合はプログラムを修正します。テストで問題ないことが確認されたあとは、プログラムを**納品**（完成したプログラムを依頼者に渡す）して開発が完了します。

規模が小さいプログラムの場合、仕様を考えたあと設計はせずにプログラミングをはじめることもあるよ。

1-2 Java言語の概要

Java言語とは、どのようなプログラミング言語なのか、Javaの実行環境や開発環境はどのようなものなのか、Javaのテクノロジーにはどのようなものがあるのかなど、ここではJavaの概要について学んでいきます。

1-2-1 Java言語とは

Java言語とは、Sun Microsystems社（2010年にOracle社が買収）が1995年に発表したオブジェクト指向型のプログラミング言語です。

もともとは1990年にプロジェクトが始まり、C++言語の代わりになるべく家電向けに作られていた言語が前身です。その後、携帯端末やテレビ機器向けに改良が進められましたが日の目を見ず、Webブラウザ「Netscape Navigator」向けとして改良が進められ世に出ました。Javaという名前は、この時期に決定しました。

登場した当時に中心的な存在だったWebブラウザでの使用（Javaアプレット）は、のちに廃れましたが、サーバ向け、クライアント向けのアプリケーション開発プログラミング言語として、Javaは世界に広く普及しました。2008年には、モバイル端末向けのOSであるAndroidがリリースされ、このOS上でのアプリケーション開発を行うプログラミング言語としても採用されました。

2010年にはJavaの転機が訪れます。Javaを開発していたSun Microsystems社がOracle社に買収されました。このとき、Javaの版権もOracle社に移ります。Sun Microsystems社は技術を無償で公開して業界を盛り上げていこうという姿勢の会社でしたが、Oracle社は技術に対して対価を厳しく得ていく姿勢の会社でした。そのため技術者たちのあいだで、Javaの将来を不安視する声も出ました。

実際にOracle社は2018年に、Javaの長期商用サポートであるLTS（Long Term Support）の有償化を開始しました。その時期、Oracle以外の無償のJava（MicrosoftやAmazonが開発）を利用する流れもありました。また、Oracle Java自体も、無償で利用できるOpen JDKとの分離が図られました。

その後、開発者たちからの反発があり、2021年にOracle社は無償のライセンスを導入するようになりました。現在、Javaの利用環境は比較的落ち着いており、短期的には大きな方針の転換はないと考えられます。

Java言語で作成したプログラムはWindows、Linux、macOSなど多くのメジャーなOSや、家電などの小さな機械の上で動作します。プログラムを一度書けば、様々な環境でそのまま実行することが可能です。

Javaが登場した当時、この特徴は「Write once, run anywhere（一度書けば、どこでも実行できる）」というスローガンで宣伝されていました。Javaで書いたプログラムは、どのOSでも同一のバイトコード（中間コード）を得ることができます。そのバイトコード（中間コード）を他のOSに持っていっても実行することができます。こうした特徴は、Javaの大きなメリットになっています。

1-2-2 Javaの実行環境(JRE)

Javaで記述されたソースコードは、**バイトコード(中間コード)**というプラットフォームに依存しないコード形式に変換(コンパイル)されます。そして、Javaの実行環境**JRE(Java Runtime Environment)**を各プラットフォーム上でインストールすることにより、WindowsやUNIXおよびLinuxなど種類の違うOS上で、同じプログラムを動作させることができます。

Javaで作成されたプログラムは、プラットフォームに依存せずに実行できるという大きな特長があります。

Javaの実行環境が、OSの違いを吸収してくれるから、それぞれのOS向けのプログラムを書かなくても済むんだ。OSを気にせずプログラムを書けるので、生産性が向上するよ。

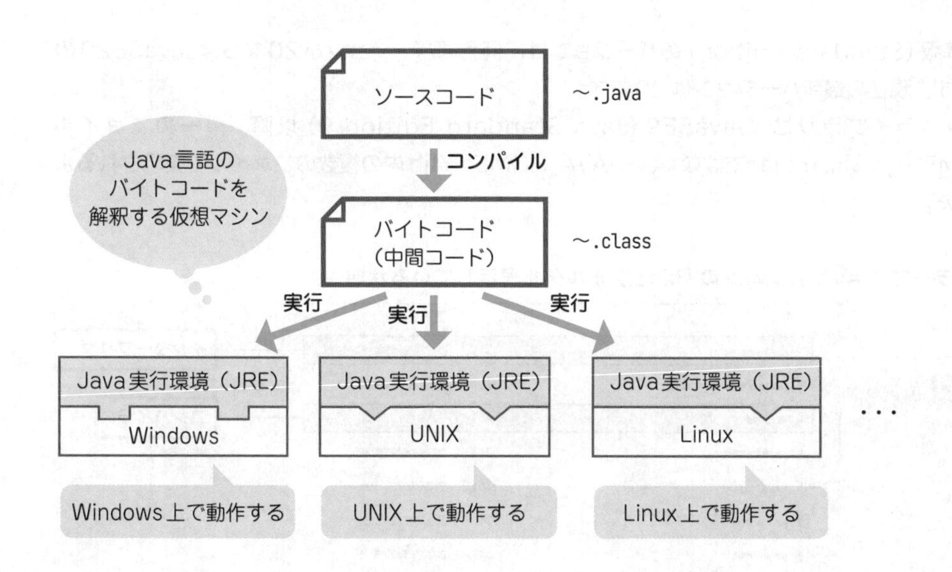

1-2-3 Javaの開発環境(JDK)

Javaの開発環境の代表的なものが、Oracle社が提供する**JDK(Java SE Development Kit)**です。JDKでは、**コンパイラ**や**インタープリタ**、**クラスライブラリ**など開発作業に必要なツールが提供されています。なお、JDKには、Javaの実行環境であるJREも含まれています。

Javaで開発を行う際は、基本的にこのJDKを使って行うんだ。Javaでプログラムを書くときに必須のツールだよ。

JDKが提供する主な開発ツール

開発ツール	パス
コンパイラ	<JAVA_HOME>\bin\javac.exe
インタープリタ	<JAVA_HOME>\bin\java.exe
クラスライブラリ	<JAVA_HOME>\lib

※ <JAVA_HOME>は、JDKのインストールフォルダを意味します。既定でインストールした場合、<JAVA_HOME>は「c:\program files\Java\jdk-20」になります。

Javaの標準版(Standard Edition)のバージョンは、例えばバージョンが20ならばJavaSE20のように書きます。現在の最新バージョンは20です。

なお、クラスライブラリは、JavaSE9(Java Standard Edition 9)以降、単一のファイル<JAVA_HOME>\jre\lib\rt.jarではなく、<JAVA_HOME>¥lib内の複数のファイルで実現されるようになりました。

エクスプローラーで<JAVA_HOME>の「bin」フォルダを表示している状態

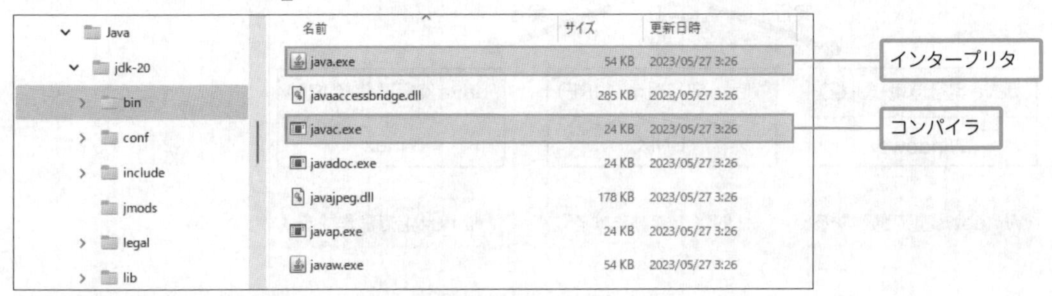

Javaの開発環境は、Oracle社(http://www.oracle.com/)のWebサイトから無償でダウンロードできます。このWebサイトでは、各OSに対応したJDK(およびJRE)が提供されています。

Javaでは、ソースコードからバイトコード(中間コード)を作るのがコンパイラ(javac.exe)だよ。そのバイトコードを解釈して実行するのがインタープリタ(java.exe)になるよ。

1-2-4 Javaテクノロジーの種類

先ほどは、Javaの標準版（Standard Edition）について触れました。Javaのエディションは1つだけではありません。Javaを使用してアプリケーションを開発する際、3つの異なるテクノロジーのエディションが用意されています。そして、それぞれのエディション（Standard Edition、Enterprise Edition、Micro Edition）を用途に合わせて使用します。このJavaのエディションの種類を見ていきましょう。

Java SE（Java Platform, Standard Edition）

Standard Editionは、通常版という意味です。Javaアプリケーション開発のベースとなる基本的な機能を提供しています。

Java SEを利用すれば、様々なOSで処理を行うプログラムを書くことができます。また、GUIアプリケーションを作ることもできます。

Java Platform、Standard Edition

基本機能	JDBC	入出力	
Javaの基本的な仕様やデータ、複数のデータを効率よく扱うための部品など	データベース（大量のデータ）を扱うための様々な部品	ファイルやネットワークなどに対してのデータの入出力の部品	...

Javaの学習では、まず学ぶべきテクノロジーだよ。基本的な機能がすべて入っているよ。有名なゲームソフトである「Minecraft」はJava SEで作られたゲームだよ。

Reference

OpenJDK

Java自体は、OpenJDKプロジェクトが中心になり開発が行われています。そして、Javaで開発を行う人が利用するJDKは、Oracleなどの各社が開発して提供しています。
JDKは、Oracleから出ているものだけでなく、MicrosoftやAmazonが出しているものもあります。その中で、もっとも普及しているのは、Oracleから出ているものです。Javaの商標はOracleが所有しています。

Java EE(Java Platform, Enterprise Edition)

Java EEは、オンラインショッピングシステムなどのサーバ側で動作するWebアプリケーションを開発する機能を提供しています。Java EEには、サーバ側のプログラムに必要なクラスライブラリが含まれています。

Java Platform、Enterprise Edition

サーブレット	JSP	EJB
Webサーバ上で動作するJavaのプログラム	Webページ内にJavaのプログラムを埋め込み、サーバ上で動作する技術	サーバ上で動作するアプリケーションをソフトウェア部品を組み合わせて開発し、実行できる仕組み

Webアプリケーションを開発するために用いられるエディションだよ。直接見る機会はなくても、多くのWebサービスのバックグラウンドとして稼働しているよ。

Reference

Jakarta EE

2017年にOracle社は、Java EEの開発主体および所有権をEclipse Foundationに移管することを発表しました。そして2018年にEclipse Foundationは、Java EEの新名称をJakarta EEとすることを発表しました。

Java ME(Java Platform, Micro Edition)

Micro Editionは、極小版といった意味です。Java MEを利用すれば、携帯電話やPDAなどのメモリやCPUに制限がある小型のデバイス上で動作するアプリケーションを開発できます。

Java Platform、Micro Edition

CDC	CLDC
個人情報端末のような中程度の処理能力を持った機器を対象とした仕組み	古い時代の携帯電話のように性能が低い機器を対象とした仕組み

1-3 Javaプログラムの種類

Javaで作成できる代表的なプログラムには、大きく分けて2種類あります。「Javaアプリケーション」と「サーブレット／JSP」です。この代表的な2つを順に見ていきましょう。

1-3-1 Javaアプリケーション

Javaアプリケーションは、スタンドアロンで動作するJavaのプログラムです。スタンドアロンとは、ネットワークに接続していない状態です。Javaアプリケーションは、JRE（P.17参照）によって実行されます。

Javaアプリケーションは JREによって実行される

JREは、WindowsやLinuxなどのOS上でアプリケーションとして動作します。JREは、Javaのバイトコード（中間コード）を読み込み、プログラムを実行します。Javaアプリケーションはこのように JRE上で動作します。

各OSの上でJREが動き、そのJREの上でJavaアプリケーションが動作します。このような仕組みでJavaアプリケーションは動作しています。

Javaではこのような仕組みを採用することで、各OS向けのJREをインストールすればJavaアプリケーションを実行することができます。また、新たなOSが登場した場合も、対応したJREを開発すればJavaアプリケーションを利用することができます。

Javaアプリケーションは、**コンソールアプリケーション**と**ウィンドウアプリケーション**の2種類に分けられます。

コンソールアプリケーションは、WindowsのコマンドプロンプトやUNIXのコマンドラインで実行し、CUI（Character User Interface）で操作するアプリケーションです。

ウィンドウアプリケーションは、WindowsやUNIXのウィンドウシステム上で実行し、GUI（Graphical User Interface）で操作するアプリケーションです。

1-3-2 サーブレット／JSP

サーブレット／JSPはJava EEの技術の一部であり、Webアプリケーションを作成できます。

Webアプリケーションはサーバ上で動作し、クライアントからのリクエストに応じた処理結果をHTMLファイルとして生成します。

クライアントからWebサーバに対して処理を依頼する簡単な流れを説明します。

クライアントのWebブラウザ上から、情報の閲覧や検索などのリクエスト（要求）をWebサーバに出します。Webサーバ上では、そのリクエストに対するデータの加工や蓄積などの処理を行います。Webサーバは処理した結果をレスポンス（応答）としてWebブラウザに返します。

そのため、クライアント側にはWebブラウザさえあればWebアプリケーションを利用できます。ただし、サーバ側にはWebコンテナと呼ばれる特別な実行環境（サーブレットを実行させるための実行環境）が必要です。サーブレットのクラスファイルやJSPファイルをWebコンテナに配置することで、Webアプリケーションを実行できます。

Webアプリケーションの代表的なものとして、検索機能を持ったポータルサイトやオンラインショッピングサイトなどが挙げられます。

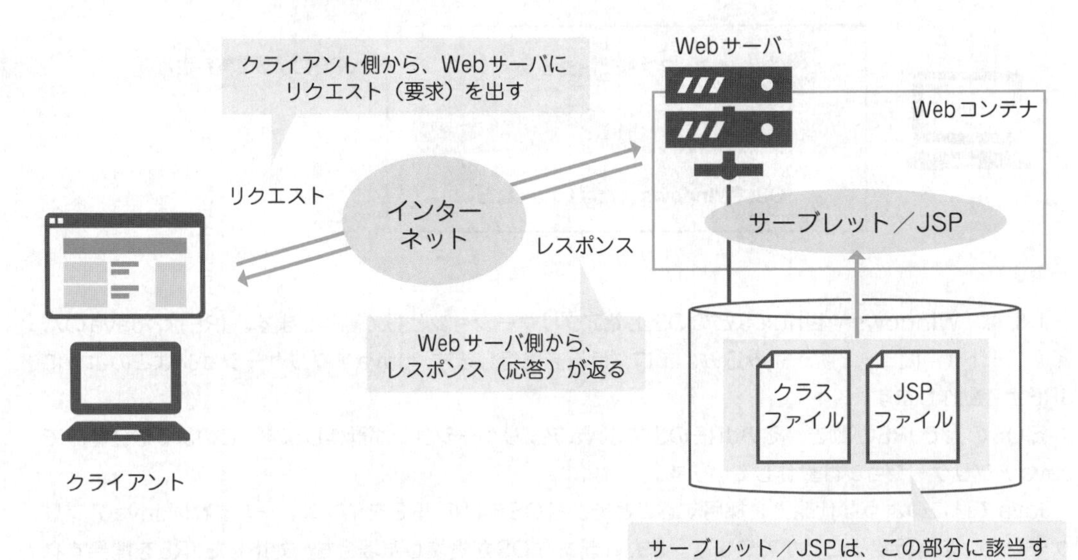

サーブレット／JSPはサーバ側で動作するJavaのプログラムを作るよ！

第2章

Javaの環境構築を行う

2-1 環境構築

Javaを利用してアプリケーションを開発するには、JDKをインストールしてJavaの開発環境を構築しなければなりません。ここでは、開発環境を構築してメモ帳でプログラムを書いて実行するまでの方法を解説しますので、実際に試してみてください。

2-1-1 JDKのインストール

Javaのプログラムを書いて実行するには、JDKが必要です。まずは公式ページ（https://www.oracle.com/java/technologies/downloads/）からインストーラ（インストールするためのプログラム）をダウンロードしましょう。なお、本書では執筆時点（2023年7月）での最新のバージョンでインストールを進めます。

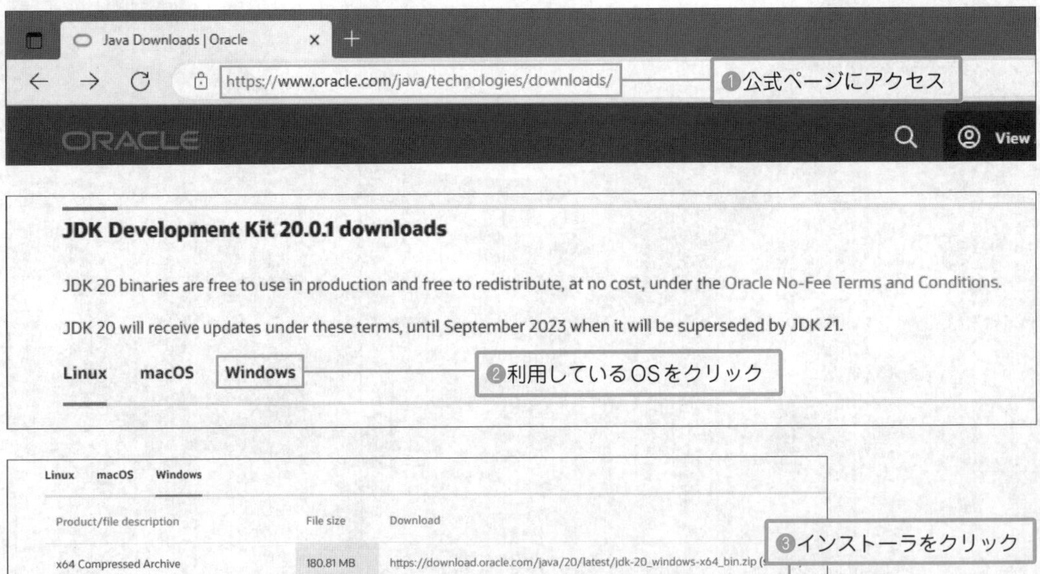

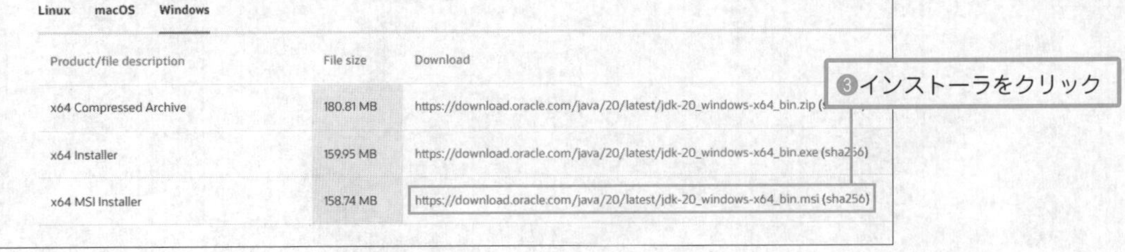

「x64MSI Installer」というのを選ぶとよいよ。インストーラが必要な設定をすべて行ってくれるよ。インストーラを使わない方法もあるけれど、必要な設定を自分ですべて行わないといけないので、おすすめしないよ。

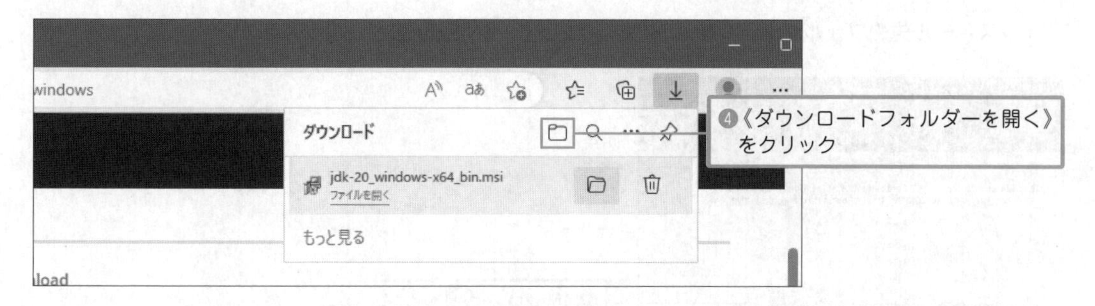

なお、この画面はMicrosoft Edgeでの操作例になります。その他のWebブラウザの場合は、この操作のように、直接ファイルを実行するのではなく、フォルダを開くように操作してください。

ダウンロードが完了したら、エクスプローラーでダウンロードしたファイルが保存されたフォルダを開き、インストーラをダブルクリックして起動しましょう。

インストーラ《jdk-20_windows-x64_bin.msi》が起動したら、《Next》をクリックします。

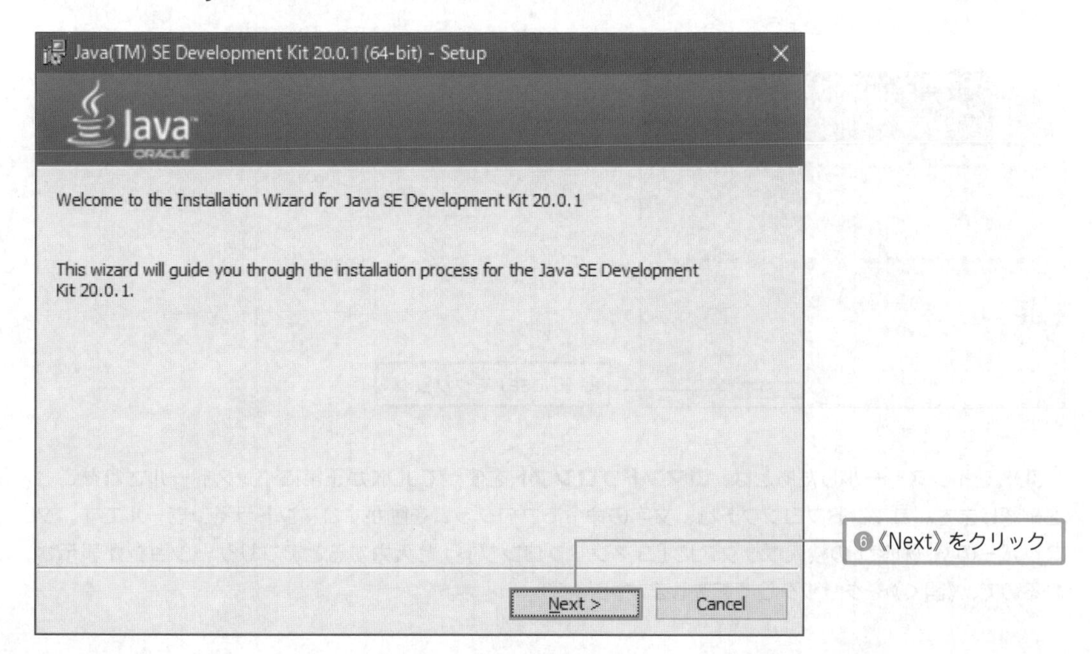

インストール先のフォルダはデフォルトのままにして、《Next》をクリックします。

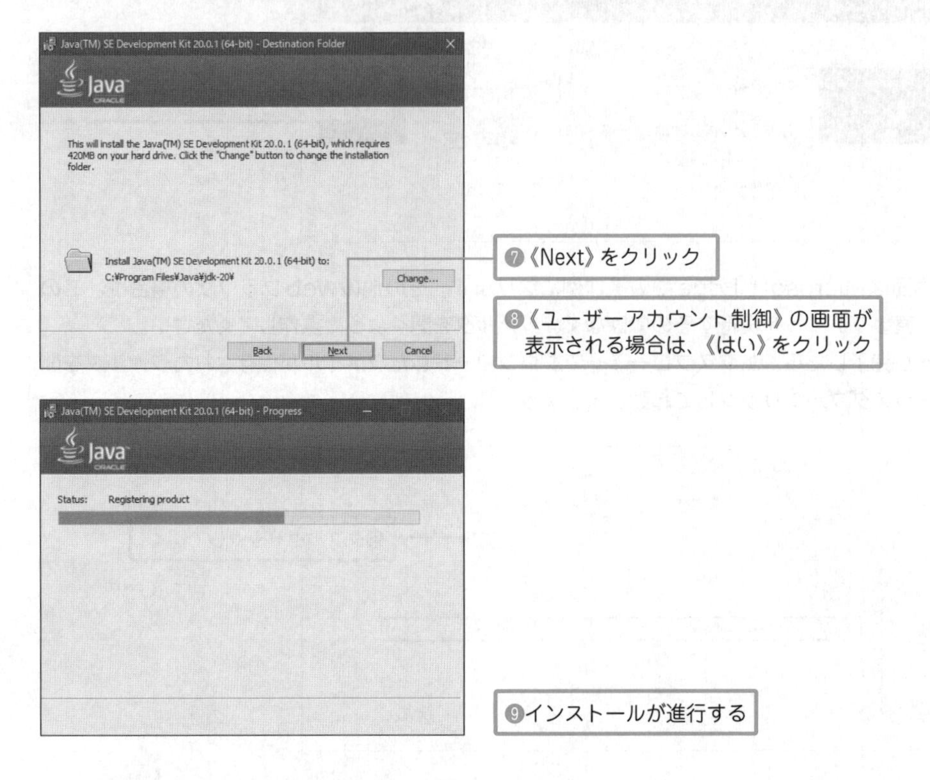

「Successfully Installed」と表示されたら、インストールは完了です。《Close》をクリックしてインストール画面を閉じましょう。

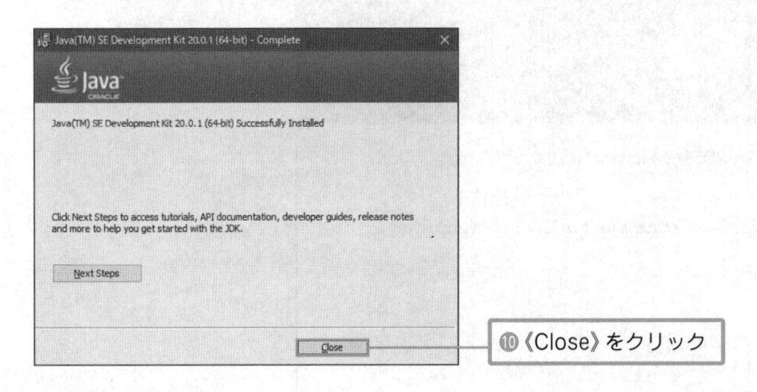

JDKをインストールしたあとは、**コマンドプロンプト**を使ってJDKが正常にインストールされたことを確認します。コマンドプロンプトは、文字の命令でプログラムを動かすコマンドラインツールです。タスクバーの🔍（検索）の検索ボックスに「コマンドプロンプト」と入力するとアプリケーションが表示されるので、《開く》をクリックして起動します。

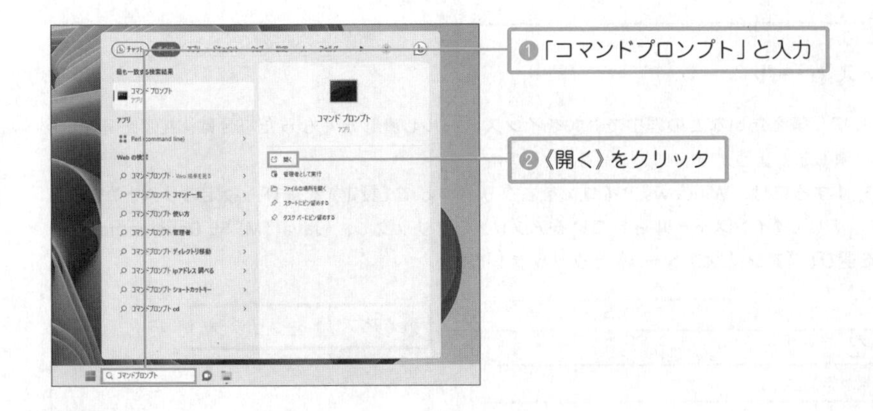

検索ボックスに「cmd」と入力してもコマンドプロンプトが表示されるよ。

コマンドプロンプトが起動したら、画面に表示されている「>」のあとに「java -version」と入力し、Enterを押してください。次のように「java version」に続いて数字が表示されれば、Javaで記述したプログラムをコマンドプロンプトで実行できる状態であることが確認できます。なお、この数字はJavaインタープリタのバージョンです。

```
C:\Users\FOM出版>java -version
java version "20.0.1" 2023-04-18
Java(TM) SE Runtime Environment (build 20.0.1+9-29)
Java HotSpot(TM) 64-Bit Server VM (build 20.0.1+9-29, mixed mode, sharing)

C:\Users\FOM出版>
```

❸「java -version」と入力しEnterを押す
❹「java version」のあとに数字が表示されることを確認する

続いて、コマンドプロンプトで「>」のあとに「javac -version」と入力し、Enterを押してください。次のように「javac」に続いて数字が表示されれば、Javaで記述したプログラムからバイトコード（中間コード）を作成できる状態であることが確認できます。なお、この数字はJavaコンパイラのバージョンです。

```
C:\Users\FOM出版>javac -version
javac 20.0.1

C:\Users\FOM出版>
```

❺「javac -version」と入力しEnterを押す
❻「javac」のあとに数字が表示されることを確認する

Reference

JDKのアンインストール

もし他のバージョンに切り替えたいなどの理由でJDKをインストールし直したくなった場合は、JDKをアンインストールしてやり直しましょう。
JDKをアンインストールするには、Windowsアイコンを右クリックして《設定》を選び、設定のリストから《アプリ》を選びます。そして《インストールされているアプリ》をクリックし、《Java(TM) SE Development Kit 20.0.1 (64-bit)》を選び、《アンインストール》をクリックします。

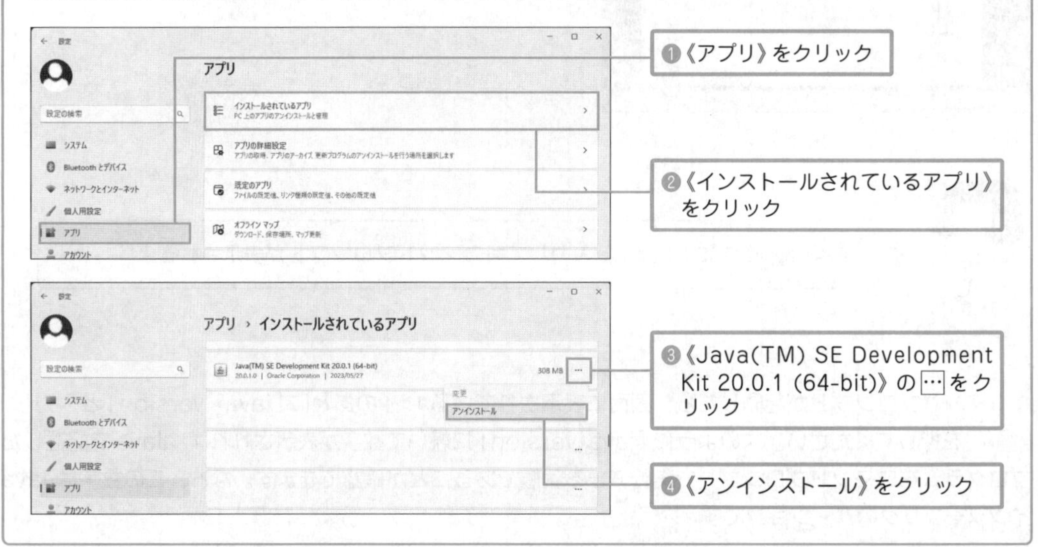

Reference

JDKのバージョン

JDKのバージョンには、LTS (Long Term Support) と非LTSがあります。LTSは長期サポートのバージョンで、それ以外は短期サポートのバージョンになります。
例えば、Java SE 7、8、11、および17はLTSとして提供されています。次のLTSは、Java SE 21 (2023年9月) になる予定です。Java SE 17以降のOracle Java SE Supportのロードマップを表にまとめておきます。

リリース	利用開始日	Premier Support期限	Extended Support期限
17 (LTS)	2021年9月	2026年9月	2029年9月
18 (非LTS)	2022年3月	2022年9月	設定なし
19 (非LTS)	2022年9月	2023年3月	設定なし
20 (非LTS)	2023年3月	2023年9月	設定なし
21 (LTS)	2023年9月	2028年9月	2031年9月

※ Premier Supportは製品出荷開始から5年間、包括的なメンテナンスとアップグレードを提供するというものです。Premier Supportには、セキュリティ上の更新や、税や法律、規制などへの対応が含まれます。
※ Extended SupportはPremier Supportの後さらに3年間、追加料金でPremier Supportとほぼ同等の保守・サポートを提供するというものです。

2-1-2 Eclipse

Javaの統合開発環境としては**Eclipse**が有名です。無料で利用することができて、Javaの開発を手助けしてくれる様々な機能を備えています。

Eclipseは、Javaの開発環境として広く浸透しているよ。大規模で複雑なアプリケーションを作るようになってくると、こうした統合開発環境の手助けが必要になってくるよ。

Eclipseは公式ページ（https://www.eclipse.org/downloads/）からインストーラをダウンロードしてインストールできます。

Eclipseを利用するときは、Pleiades All in Oneの日本語版を使うことが多いです。Pleiades All in OneはEclipse本体と、日本語化を行うためのPleiadesプラグインおよびプログラミング言語別に便利なプラグインをまとめたWindows、Mac向けのパッケージ（プログラム群）です。

Pleiades All in Oneのページ（https://mergedoc.osdn.jp/）からインストーラをダウンロードしてインストールできます。

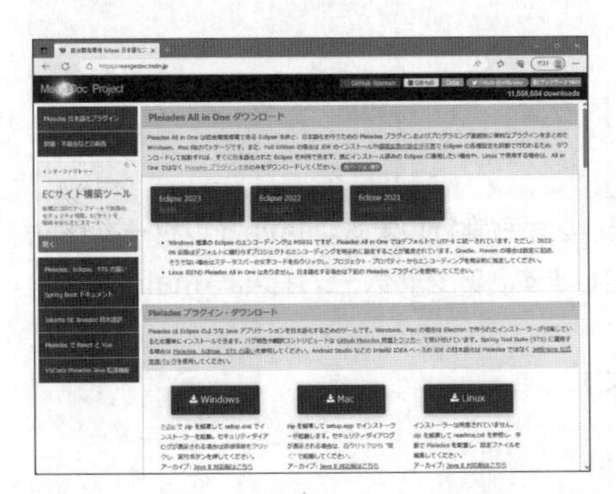

2-2 Javaの体験操作

Javaアプリケーションの仕組みと、基本的なプログラムの書き方を体験します。
Javaで開発を行うために必要な知識を学んでいきましょう。

Javaアプリケーション

Javaアプリケーションの作成から実行までの手順は、次のとおりです。

1. ソースファイルの作成

ソースファイルを新規で作成し、エディタを使用してソースコードを記述します。ソースファイルには、拡張子「**java**」を付けて保存します。

2. コンパイル

コンパイラを使用してソースコードをバイトコード（中間コード）に変換します。

ソースコードの記述に誤りが存在した場合はコンパイルエラーが発生します。この場合、ソースコードを修正し、上書き保存した後、再度のコンパイルが必要です。これをコンパイルエラーがなくまるまで繰り返します。

コンパイルが正常に終了すると、拡張子が「**class**」のファイル（クラスファイル）がクラスごとに作成されます。

Javaアプリケーションのコンパイルは、次のコマンドを使用します。

作業内容	コマンド
コンパイル	javac

3. インタープリタ(実行)

Javaインタープリタでバイトコード（中間コード）を解釈しながら実行します。Javaインタープリタには、mainメソッドを定義しているクラスファイル名を指定します。アプリケーションは、mainメソッドから実行されます。

Javaアプリケーションの実行は、次のコマンドを使用します。

作業内容	コマンド
実行	java

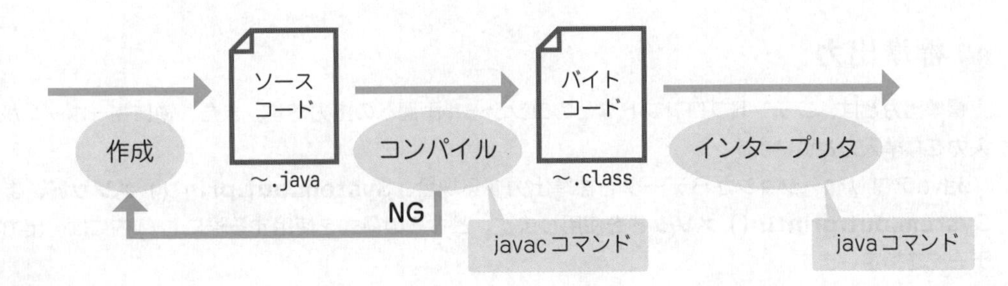

書いたプログラムをjavacコマンドでコンパイルして、出力されたバイトコード（中間コード）をjavaコマンドで実行するんだ。

Javaアプリケーションの作成

Javaのプログラムは、**クラス**と呼ばれるプログラム部品の集合で構成されています。 クラスは、キーワード**class**を用いて、下の図のように定義します。

javaアプリケーションの書式

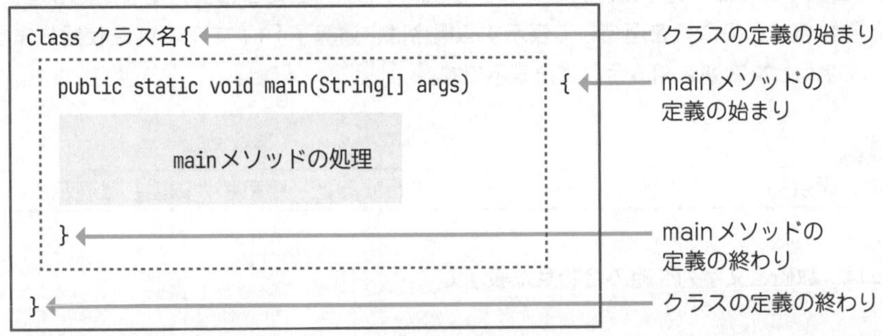

Javaアプリケーションでは、**mainメソッド**と呼ばれる特別なメソッドを含むクラスを記述する必要があります。mainメソッドを含むクラスをインタープリタの実行時に指定することにより、Javaアプリケーションが動作します。**メソッド**とは、特定の処理を定義するクラスの構成要素のことで、詳しくは第5章で説明します（P.176参照）。

mainメソッドは、**public static void main(String[] args)** のように記述し、Javaアプリケーションの開始時にインタープリタによって１番はじめに呼び出されます。そして、mainメソッドの処理が終了すると Javaアプリケーションも終了します。

実行したいJavaのプログラムは、mainメソッドの中に書けばいいんだ。クラスやメソッドの中身は「{ }（波括弧）」で囲うよ。

標準出力

標準出力とは、コマンドプロンプトなどのコンソール画面への出力です。また、逆にキーボードからの入力を標準入力といいます。

Javaアプリケーションからデータを標準出力する場合、**System.out.print() メソッド**、または**System.out.println() メソッド**を使用します。どちらの書式を使用する際にも()内には、出力するデータを指定します。

標準出力を行うメソッド

メソッド	説明
System.out.print(出力データ)	出力後に改行しない
System.out.println(出力データ)	出力後に改行する

プログラム：例

```
System.out.print("名前 : 富士");    ← 実行すると「名前 : 富士」と表示後に改行しない
System.out.println("性別 : 男性");  ← 実行すると「性別 : 男性」と表示後に改行する
```

System.out.println() は、()内にデータを何も指定しない場合は、改行のみを行います。

なお、Javaのプログラムでは、行末に、行の終わりを意味する「; (セミコロン)」を記述します。

また、文字列と整数値などの情報を連結して表示する場合は、演算子「+(プラス)」を使用します。次のプログラムは、文字列と文字列を組み合わせた表示です。

プログラム：例

```
System.out.print("東京都" + "大田区");  ← 実行すると「東京都大田区」と表示される
```

次のプログラムは、数値と文字列を組み合わせた表示です。

プログラム：例

```
System.out.print(3 + "丁目");  ← 実行すると「3丁目」と表示される
```

Reference

文字列以外の出力データ

出力データには、文字列以外のデータを指定することもできます。Javaで扱われるデータの種類についてはP.64の「3-3 Javaで扱われるデータ型」を参照してください。

実践してみよう

それでは実際にプログラムを新規で作成して、実行します。まずは、「Example2_2_1.java」という名前のファイルを作成して、ソースコードを入力します。

プログラムを新規で作成して、実行していきます。

実際には、「2-2-2　メモ帳とコマンドプロンプトでJavaのプログラムを実行する」(P.36参照) で、メモ帳とコマンドプロンプトの使い方を見てから、プログラムを作成し、実行していきます。

ここでは、まず、プログラムの内容と、実行結果、操作手順をざっとつかんでください。

プログラム：Example2_2_1.java

```
01 class Example2_2_1 {
02     public static void main(String[] args) {
03         System.out.print("名前 : 富士   ");
04         System.out.println("性別 : 男性");
05     }
06 }
```

解説

01	Example2_2_1クラスの定義を開始する。
02	mainメソッドの定義を開始する。
03	文字列「名前 : 富士　」を表示する。なお、表示後に改行しない。
04	文字列「性別 : 男性」を表示する。なお、表示後に改行する。
05	mainメソッドの定義を終了する。
06	Example2_2_1クラスの定義を終了する。

実行結果　※プログラムをコンパイルした後に実行してください

```
C:\Users\FOM出版\Documents\FPT2311\02>javac Example2_2_1.java

C:\Users\FOM出版\Documents\FPT2311\02>java Example2_2_1
名前 : 富士   性別 : 男性

C:\Users\FOM出版\Documents\FPT2311\02>
```

表示後に改行する

表示後に改行しない

名前と性別を表示するシンプルなプログラムだよ。名前は改行なしで表示しているので、そのまま続けて同じ行で性別が表示されているよ。

プログラム「Example2_2_1.java」を新規で作成し、正常にコンパイルができて実行ができると、このように名前と性別が表示されます。具体的に、手順を見ていきましょう。

1.「java」拡張子のファイルの作成

メモ帳を起動します。まずは、ソースファイル「Example2_2_1.java」を「C:\Users\FOM出版\Documents\FPT2311\02」フォルダ内に新規で作成します。ソースファイル内にソースコードを記述します。

2. コマンドプロンプトの起動とフォルダ移動

コマンドプロントを起動します。起動直後のコマンドプロンプトは、ユーザーフォルダ（C:\Users\<ユーザー名>）がカレントフォルダ（現在の位置）になっています。

※ エクスプローラーでは、パスの区切り文字のバックスラッシュが半角の「¥」（円記号）で表示されます。Windows 11の最新のコマンドプロンプトでは半角の「\」（バックスラッシュ）で表示されます。この表示の違いは、フォントの違いによるものであり、同じ意味になります。

ユーザーのカレントフォルダから、ソースファイルを作成したフォルダに移動します。移動は、**cdコマンド**を使って行います。

```
> cd ソースファイルが格納されているフォルダのパス
```

今回のケースでは、次のように入力します。そうするとカレントフォルダが指定したパスに変わります。

```
> cd C:\Users\FOM出版\Documents\FPT2311\02
```

```
C:\Users\FOM出版>cd C:\Users\FOM出版\Documents\FPT2311\02

C:\Users\FOM出版\Documents\FPT2311\02>
```

移動が大変な場合は、効率的に移動する方法もあるので参考にしてね（P.43参照）。

3. コンパイル

javacコマンドに、ファイル名を拡張子「.java」まで指定してコンパイルします。

```
> javac ソースファイル名.java
```

今回のケースでは、次のように入力します。コンパイルが正常に終了すると、「Example2_2_1.class」ファイルが生成されます。

```
> javac Example2_2_1.java
```

```
C:\Users\FOM出版\Documents\FPT2311\02>javac Example2_2_1.java

C:\Users\FOM出版\Documents\FPT2311\02>
```

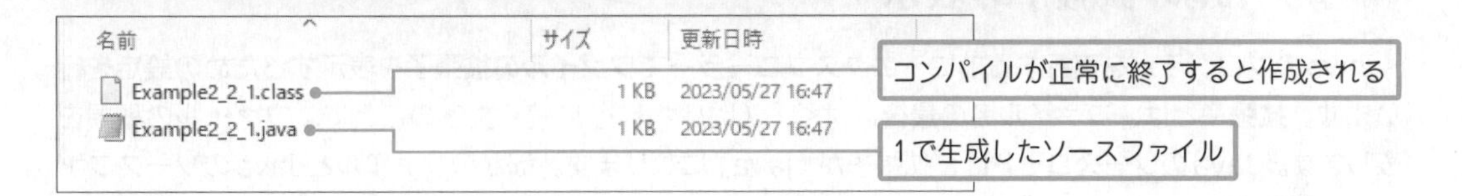

「Example2_2_1.class」ファイルは、「Example2_2_1.java」ファイルと同じフォルダに作成されるよ。

4. プログラムの実行

javaコマンドに、3で生成されたクラスの名前を指定して実行します（拡張子は必要ありません）。

```
> java クラス名
```

今回のケースでは、次のように入力します。正常に実行できると、その下の画面のように表示されます。

```
> java Example2_2_1
```

```
C:\Users\FOM出版\Documents\FPT2311\02>java Example2_2_1
名前 : 富士    性別 : 男性

C:\Users\FOM出版\Documents\FPT2311\02>
```

クラス名は大文字、小文字を一致させる必要があるよ。注意してね。

2-2-2 メモ帳とコマンドプロンプトでJavaのプログラムを実行する

本書では、メモ帳を使ってJavaのプログラムを作成し、保存します。そしてコマンドプロンプトを使って、保存したプログラムをコンパイルし、実行します。なお、メモ帳とコマンドプロンプトは、Windows 11に含まれているので、特にこれらをインストールする必要はありません。

ファイルの拡張子の表示

Javaのプログラムを実行する前に、エクスプローラーで**ファイルの拡張子**を表示するための設定を行います。**拡張子**とは、ファイル名の最後に付く「.（ピリオド）」に続く文字のことで、ファイルの種類を表します。Javaのソースコードは、拡張子が「java」になります。ほかのファイルとJavaのソースファイルを識別できるようにするために、拡張子を表示するように設定しましょう。

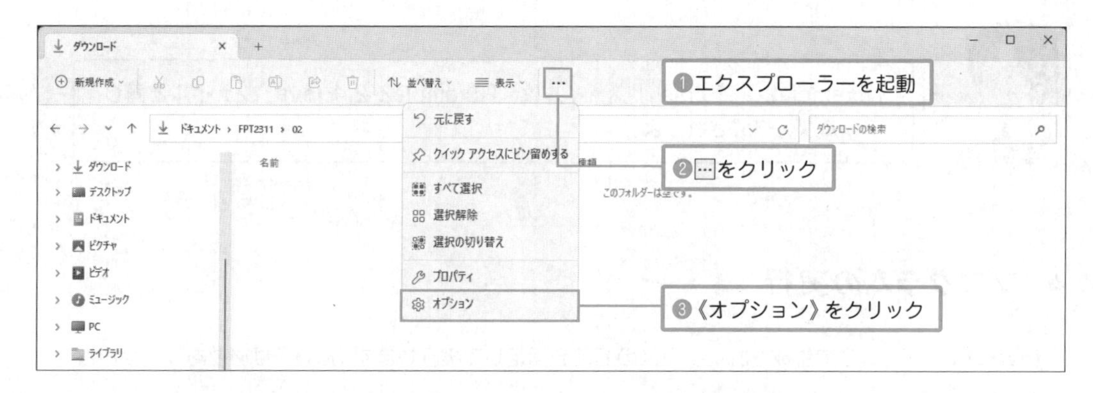

《オプション》をクリックすると、《フォルダーオプション》ウィンドウが開きます。

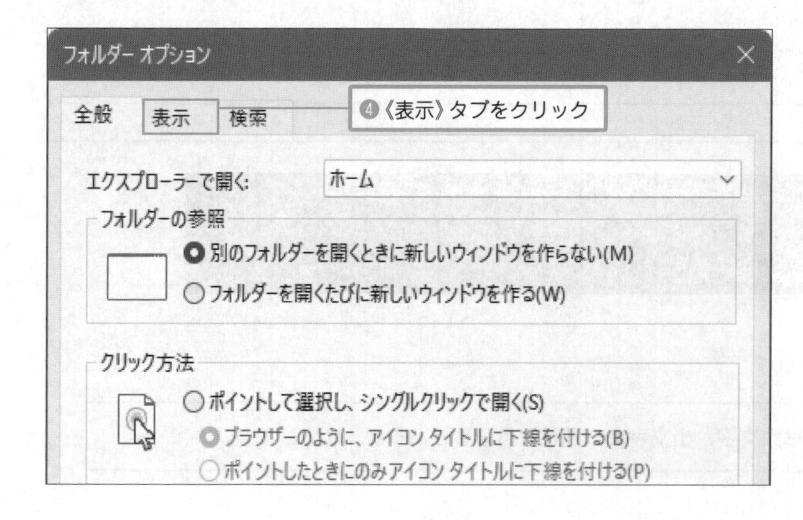

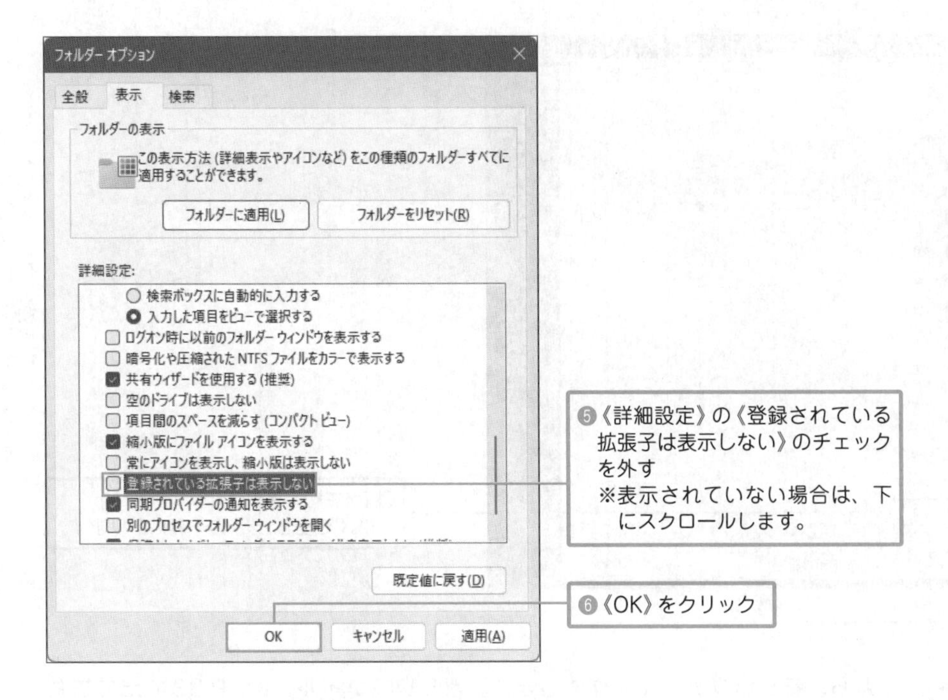

これで、エクスプローラーでJavaのプログラムのファイルに「.java」の拡張子が表示されます

メモ帳の起動とプログラムの保存

Javaのプログラムを記述していきます。まず、メモ帳のアプリケーションを起動します。

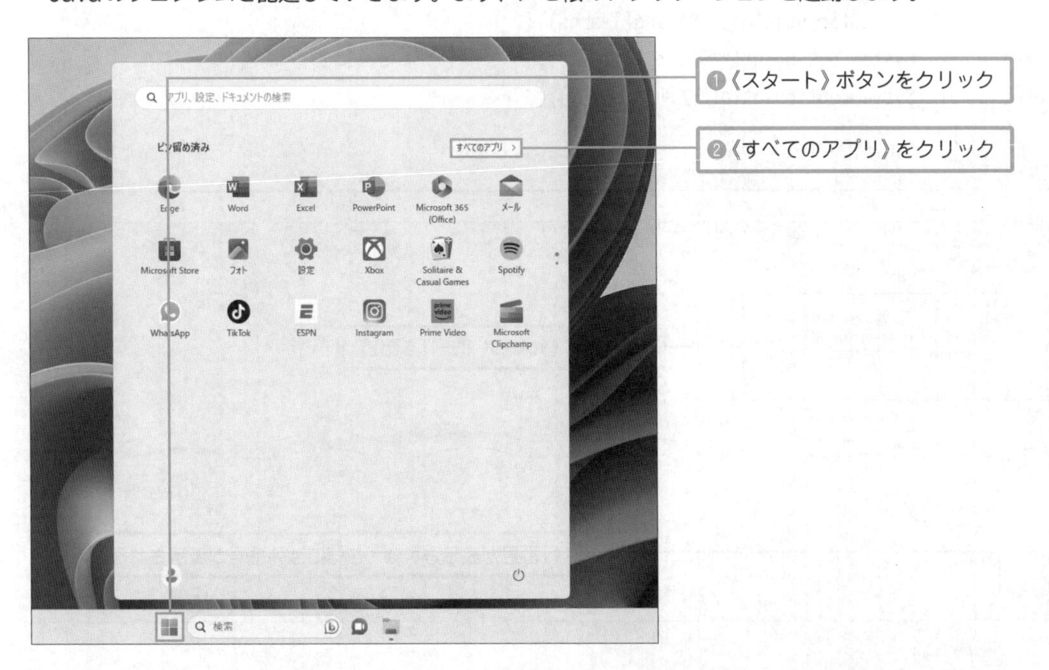

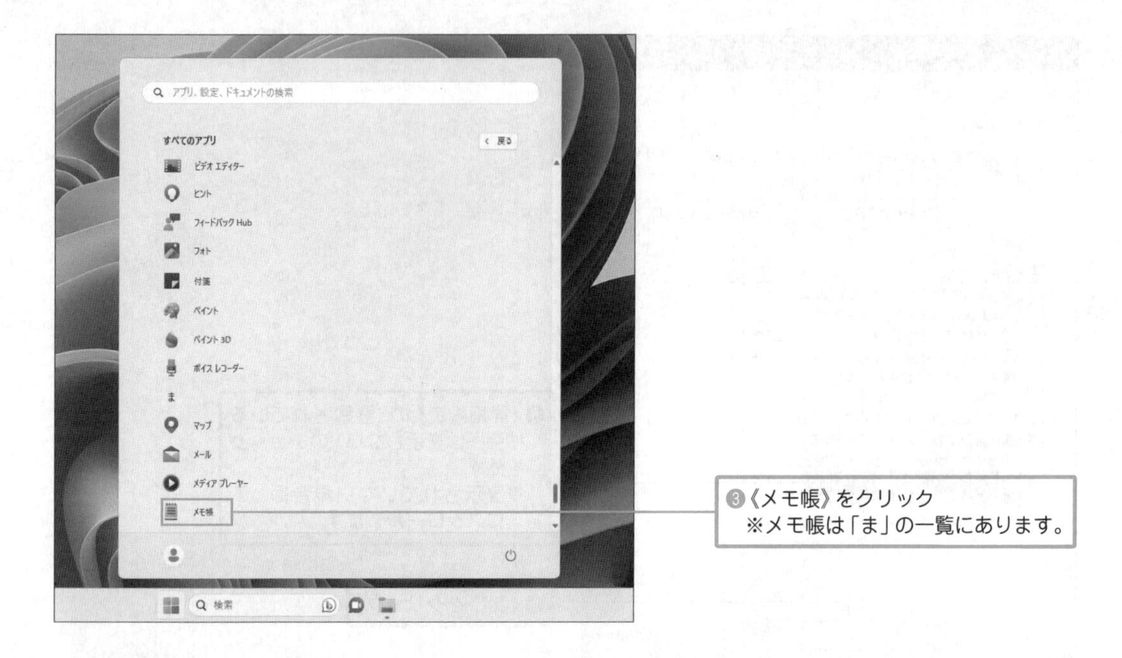

メモ帳が起動したら、新しいファイルを作成します。新しいファイルには、P.33で出てきた「Example2_2_1.java」のソースコードを記述します。メモ帳の画面では、入力カーソルがある位置の行番号が左下に表示されます。

プログラム：Example2_2_1.java

```
01 class Example2_2_1 {
02     public static void main(String[] args) {
03         System.out.print("名前 : 富士　　");
04         System.out.println("性別 : 男性");
05     }
06 }
```

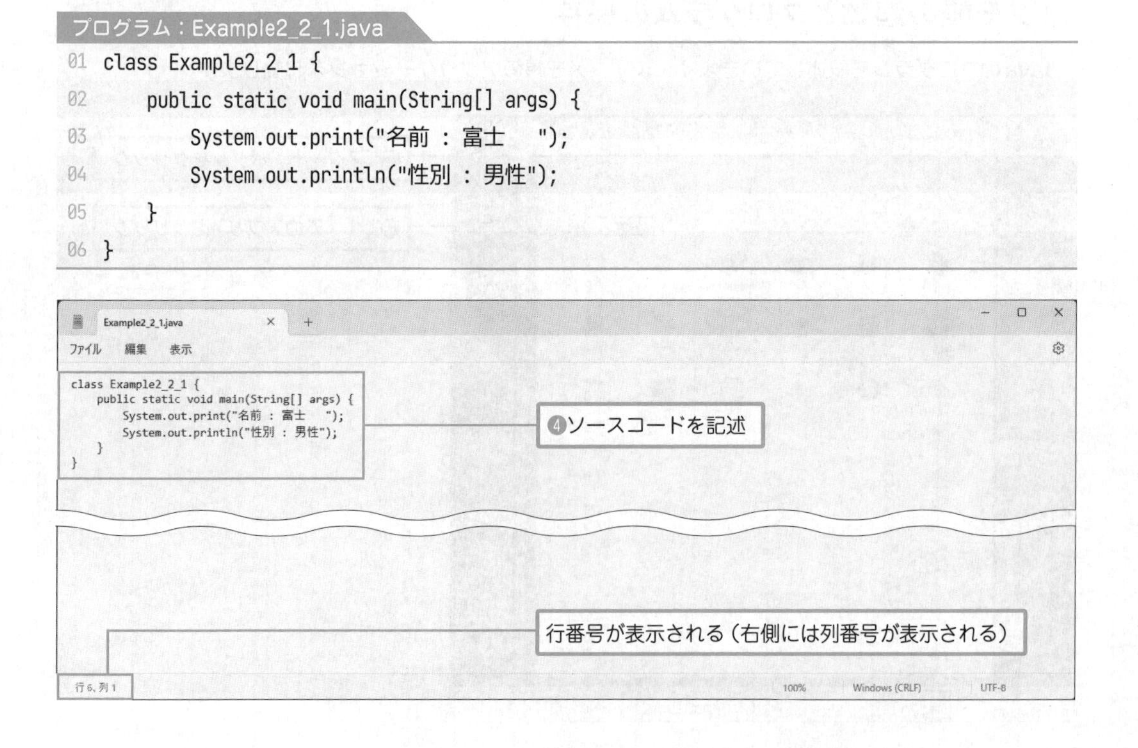

コマンドプロンプトでJavaのプログラムを実行できるようにするため、メモ帳で作成したJavaのプログラムのファイルを保存します。《ファイル》から《名前を付けて保存》をクリックしましょう。もしくは、Ctrl＋Sを押すことでも、ファイルを保存できます。

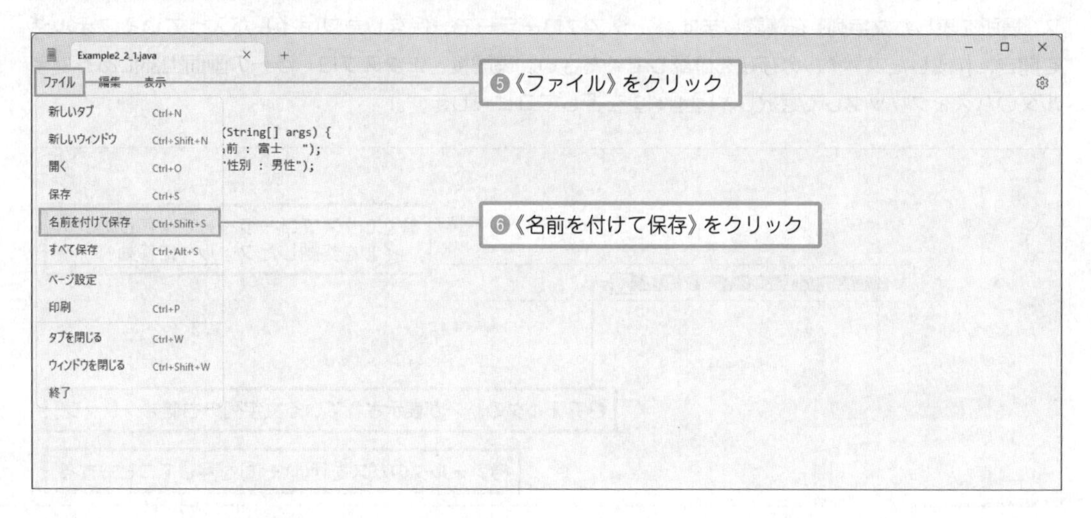

ファイルを保存する場所を選択します。本書ではJavaのプログラム（拡張子が「java」のファイル）を保存するフォルダは、学習する章ごとに分けて管理します。本章は２章ですので、２章のフォルダ「02」に保存します。保存する際のファイル名には、「java」という拡張子を付けましょう。

また、保存する際に《エンコード》が《UTF-8》であることを確認してください。Javaでは、デフォルトではUTF-8という文字コードでファイルを読み込むため、他の文字コードで保存した場合、日本語などの文字が認識できずにエラーとなります。もし、《UTF-8》になっていない場合は、⌵をクリックして一覧から《UTF-8》を選択します。

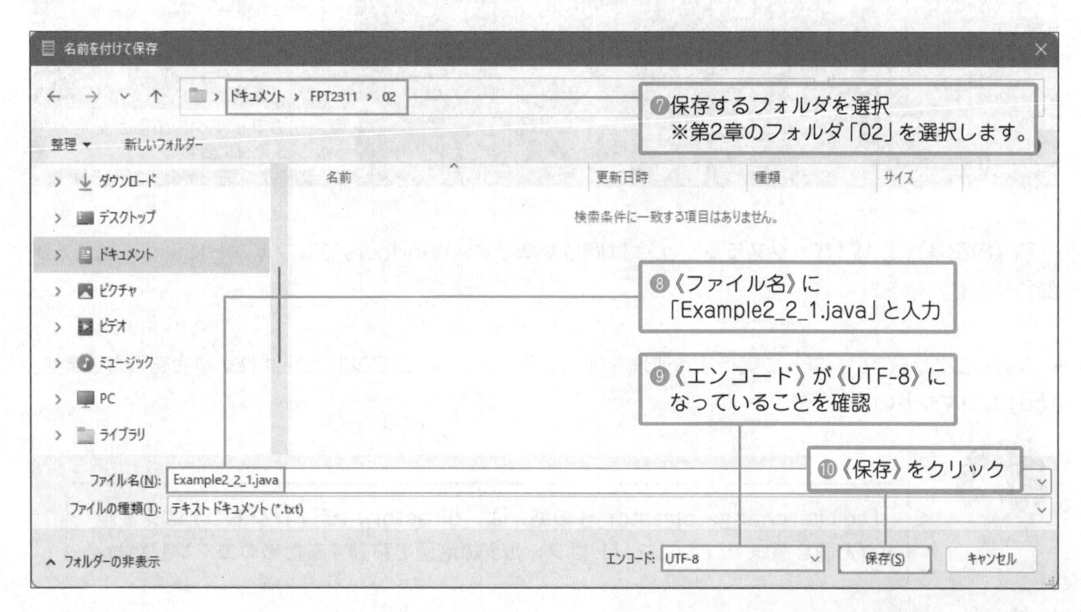

コマンドプロンプトでプログラムの実行

ファイルを保存したあとは、プログラムを実行するために、保存したファイルを格納したフォルダのパス（場所を表した文字列）を確認します。エクスプローラーで、保存したファイルが入っているフォルダを開き、作成したファイルの存在を確認してください。確認後、エクスプローラーの画面上部にあるフォルダのパスをクリックして選択し、Ctrl+Cを押してコピーします。

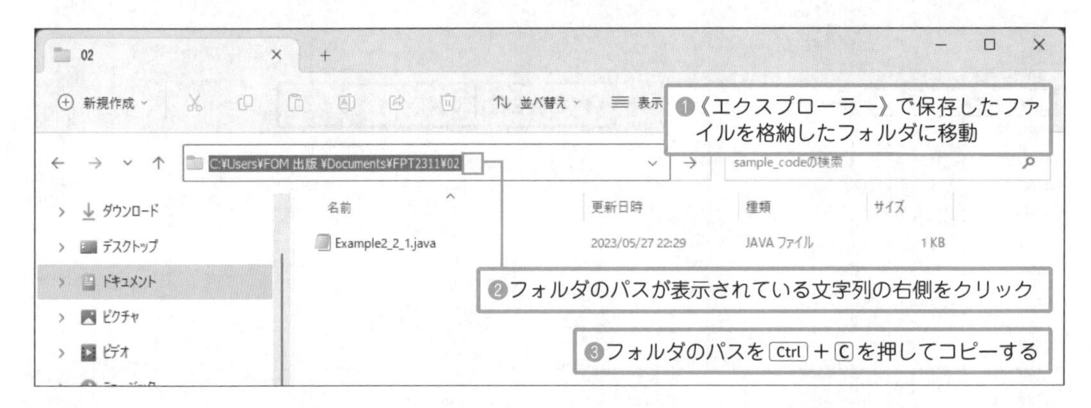

続いてコマンドプロンプトを開きます。プログラムを実行するために、実行したいjavaファイルが置いてあるフォルダに移動します。「cd フォルダのパス」の形式で入力します。「cd」と入力したあとに半角スペースを入れ、フォルダのパスをCtrl+Vを押して貼り付けます。入力後、Enterを押すと、現在のフォルダの位置（カレントフォルダ）が指定したフォルダに変わります。

「¥（円記号）」と「\（バックスラッシュ）」は同じ意味です。Windowsではフォントによって見え方が変わります。

なお、コマンドプロンプトに実行する処理を指示するためには、コマンドと呼ばれる命令を入力します。「cd」もコマンドの１つです。

「cd」は「change directory」の略だよ。directory（ディレクトリ）はフォルダと同じ意味で、cd コマンドはフォルダの階層を移動するためのコマンドだね。

実行したいjavaファイルがある場所に移動したあと、**javacコマンド**を使ってjavaのソースファイルをコンパイルします。「javac ファイル名」と入力して Enter を押すと、指定したjavaのソースファイルに記述された内容がコンパイルされます。

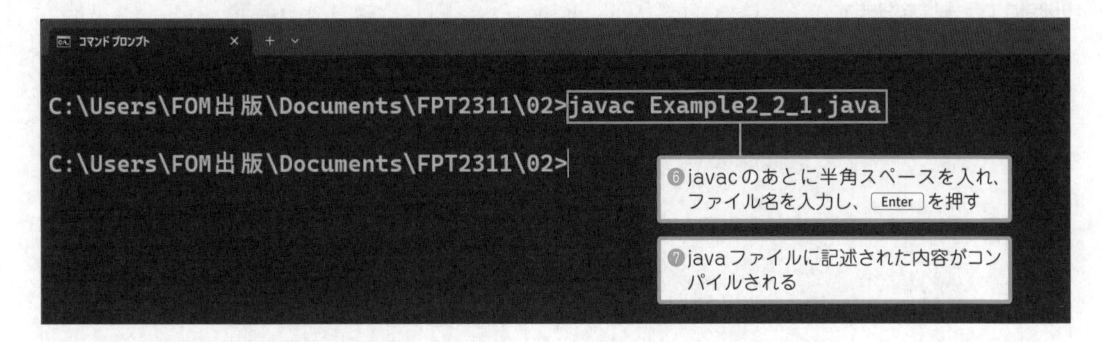

「Example2_2_1.class」というクラスファイルが作成されます。このファイルの名前は、「Example2_2_1.java」に記述した1行目の「class Example2_2_1」に由来しています。クラス名がExample2_2_1のために、「Example2_2_1.class」という**クラスファイル**が作成されています。

続いて、**javaコマンド**を使って、作成したクラスファイルを実行します。「java Example2_2_1」と入力して Enter を押すと、「Example2_2_1.class」内のmainメソッドが実行されます。このとき「.class」という拡張子は指定しないで実行します。

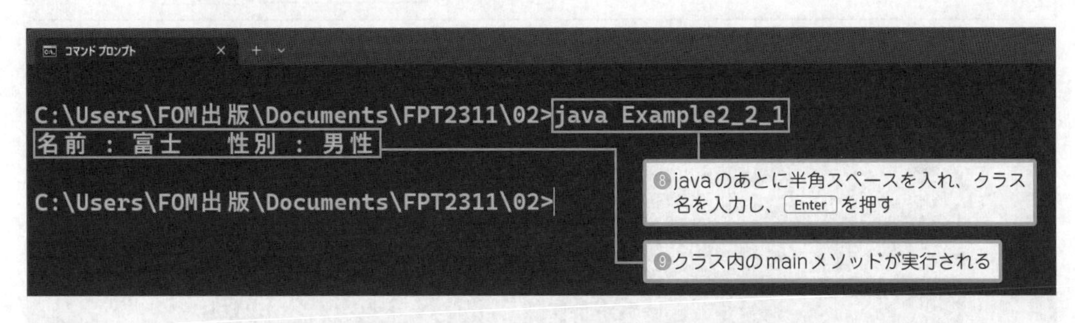

javacコマンドは、ファイルをコンパイルするもので拡張子が必要になるよ。
javaコマンドは、クラスを実行するもので拡張子の指定が必要ないよ。

よく起きるエラー

Javaのプログラムをメモ帳で作成する際に、《エンコード》を《UTF-8》以外で保存すると、コンパイル時にエラーになります。

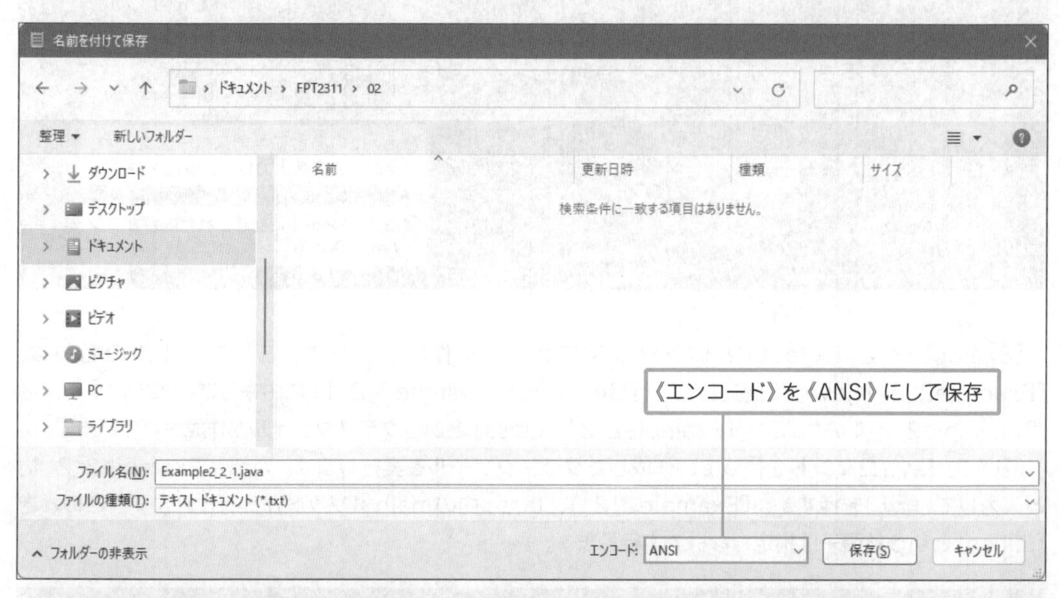


```
C:\Users\FOM出版\Documents\FPT2311\02>javac Example2_2_1.java
Example2_2_1.java:3: エラー: この文字(0x96)は、エンコーディングUTF-8にマップできません
        System.out.print("???O : ???   ");
                            ^
Example2_2_1.java:3: エラー: この文字(0xBC)は、エンコーディングUTF-8にマップできません
        System.out.print("???O : ???   ");
                             ^
Example2_2_1.java:3: エラー: この文字(0x91)は、エンコーディングUTF-8にマップできません
        System.out.print("???O : ???   ");
                              ^
Example2_2_1.java:3: エラー: この文字(0x97)は、エンコーディングUTF-8にマップできません
        System.out.print("???O : ???   ");
                                   ^
Example2_2_1.java:3: エラー: この文字(0xE996)は、エンコーディングUTF-8にマップできません
        System.out.print("???O : ???   ");
                                    ^
Example2_2_1.java:3: エラー: この文字(0xD8)は、エンコーディングUTF-8にマップできません
        System.out.print("???O : ???   ");

Example2_2_1.java:3: エラー: この文字(0xE996)は、エンコーディングUTF-8にマップできません
        System.out.print("???O : ???   ");
                                    ^
Example2_2_1.java:3: エラー: この文字(0xD8)は、エンコーディングUTF-8にマップできません
        System.out.print("???O : ???   ");
                                     ^


エラー12個

C:\Users\FOM出版\Documents\FPT2311\02>
```

- **対処方法：《エンコード》を《UTF-8》にして保存する。**

Reference

エクスプローラーからコマンドプロンプトにファイルの場所をコピーする

エクスプローラーでフォルダの階層が表示されている部分のフォルダのアイコンを、コマンドプロンプトの画面にドラッグ＆ドロップすることでも、ファイルの場所をコマンドプロンプトに入力できます。コマンドプロンプトで「cd」と入力し、半角スペースを空けてからドラッグ＆ドロップすれば、スムーズに目的のファイルの場所を入力してフォルダを移動できます。

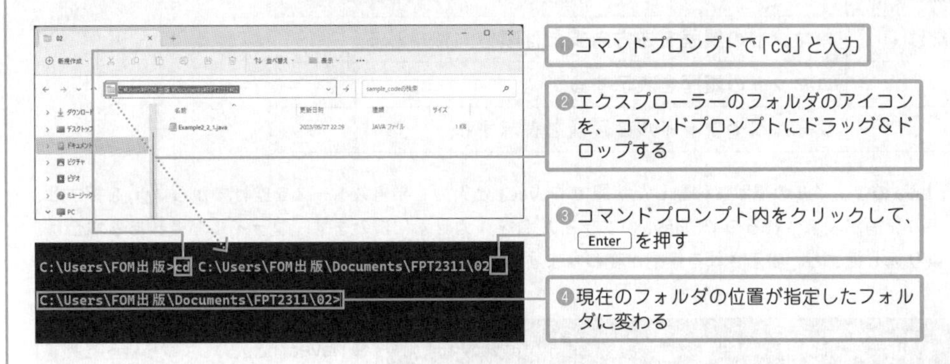

Reference

エクスプローラーのフォルダが指定された状態でコマンドプロンプトを起動する

エクスプローラーのアドレス欄に「cmd」と入力して Enter を押すと、エクスプローラーで表示しているフォルダが指定された状態でコマンドプロンプトが起動できます。

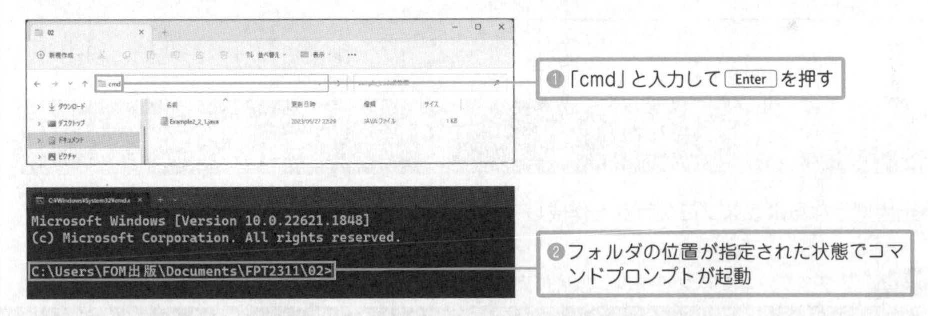

Reference

コマンドプロンプトの基本的なコマンド

cdコマンド以外に利用頻度の高いコマンドをいくつか紹介します。

コマンドプロンプトの操作例

コマンド	内容
cls	コマンドプロンプトの画面表示をクリアする。
dir	現在の場所にあるファイルやフォルダを表示する。
exit	コマンドプロンプトを終了する。

Reference

コマンドプロンプトの便利な操作

コマンドプロンプトでは、次のようなキー入力によって便利な操作を実行できます。

コマンドプロンプトの操作例

操作	内容
↑または↓	コマンドの履歴を逆方向または順方向にたどる。
F7	コマンドの履歴を表示する。
Tab	フォルダやファイルの候補を表示する。

例えば、Javaのファイルの場所に移動した状態で「javac」と入力し半角スペースを空けてから Tab を押すと、ファイルの候補が表示されるので、Javaのファイル名を入力せずに済みます。ファイルが複数ある場合は、Tab を繰り返し押すと、表示される候補が変わります。

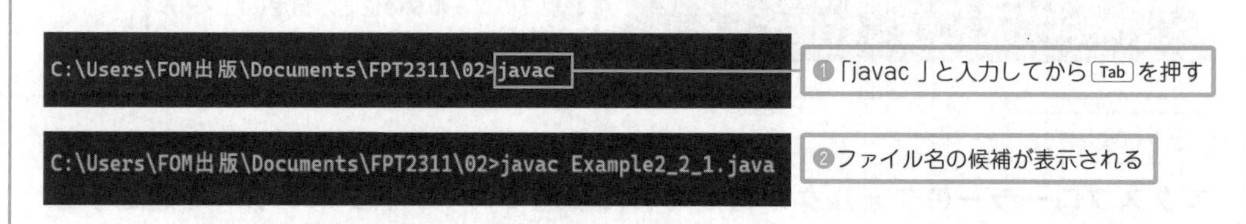

また、ファイル名を途中まで入力した状態で Tab を押すと、入力した文字列で始まるファイル名が候補として表示されます。目的のファイル名をすばやく入力したいときに便利です。

実習問題①

次の実行結果例となるようなプログラムを作成してください。

実行結果例　※プログラムをコンパイルした後に実行してください

```
C:\Users\FOM出版\Documents\FPT2311\02>javac Example2_2_2_p1.java

C:\Users\FOM出版\Documents\FPT2311\02>java Example2_2_2_p1
名前 : 富士
性別 : 男性
年齢 : 30

C:\Users\FOM出版\Documents\FPT2311\02>
```

（名前 : 富士 → 表示後に改行する／性別 : 男性 → 表示後に改行する／年齢 : 30 → 表示後に改行する）

- **概要　　　　：名前、性別、年齢を3行で表示する。**
- **実習ファイル：Example2_2_2_p1.java**
- **処理の流れ**
  - **1行目に文字列「名前 : 富士」を表示する。**
  - **2行目に文字列「性別 : 男性」を表示する。**
  - **3行目に文字列「年齢 : 30」を表示する。**

解答例

プログラム：Example2_2_2_p1.java

```
01 class Example2_2_2_p1 {
02     public static void main(String[] args) {
03         System.out.println("名前 : 富士");
04         System.out.println("性別 : 男性");
05         System.out.println("年齢 : 30");
06     }
07 }
```

解説

01	Example2_2_2_p1クラスの定義を開始する。
02	mainメソッドの定義を開始する。
03	文字列「名前 : 富士」を表示する。なお、表示後に改行する。
04	文字列「性別 : 男性」を表示する。なお、表示後に改行する。
05	文字列「年齢 : 30」を表示する。なお、表示後に改行する。
06	mainメソッドの定義を終了する。
07	Example2_2_2_p1クラスの定義を終了する。

3行目～5行目では、各文字列を１行ずつ、３行にわたって表示するように指定しています。それぞれ「System.out.println()」メソッドを使用することで、文字列を表示後には、改行することができます。

ここでは「System.out.println()」を使っていますが、画面に文字を出力する方法は、「System.out.print()」と「System.out.println()」の２種類があります。違うのは「print」と「println」の部分です。

「System.out.print()」は、標準出力（コマンドプロンプトの画面）にprintする（表示する）という意味です。「System.out.print()」は、「( )」内の文字列をそのまま画面に表示します。

「System.out.println()」は、標準出力（コマンドプロンプトの画面）にprint lineする（行として表示する）という意味です。「System.out.println()」は、「( )」内の文字を画面に表示したあと改行します。「ln」が付いたらlineなので、表示後に改行すると覚えておくとよいです。

実習問題②

次の実行結果例となるようなプログラムを作成してください。

実行結果例　※プログラムをコンパイルした後に実行してください

```
C:\Users\FOM出版\Documents\FPT2311\02>javac Example2_2_2_p2.java

C:\Users\FOM出版\Documents\FPT2311\02>java Example2_2_2_p2
従業員番号 : 11001

名前 : 富士
C:\Users\FOM出版\Documents\FPT2311\02>
```

表示後に改行する

空行を入れる

表示後に改行しない

- **概要**　　　　　　**：従業員番号と名前を1行空けて表示する。**
- **実習ファイル**　　**：Example2_2_2_p2.java**
- **処理の流れ**
  - **文字列「従業員番号 ： 11001」を表示する。表示後に改行する。**
  - **空行を入れる（1行空ける）。**
  - **文字列「名前 ： 富士」を表示する。表示後に改行しない。**

解答例

プログラム：Example2_2_2_p2.java

```
01 class Example2_2_2_p2 {
02     public static void main(String[] args) {
03         System.out.println("従業員番号 : 11001");
04         System.out.println();
05         System.out.print("名前 : 富士");
06     }
07 }
```

解説

01	Example2_2_2_p2クラスの定義を開始する。
02	mainメソッドの定義を開始する。
03	文字列「従業員番号 ： 11001」を表示する。なお、表示後に改行する。
04	文字列「」を表示する（表示する文字を記述しない）。なお、表示後に改行する。
05	文字列「名前 ： 富士」を表示する。なお、表示後に改行しない。
06	mainメソッドの定義を終了する。
07	Example2_2_2_p2クラスの定義を終了する。

3行目「System.out.println("従業員番号：11001");」では、「従業員番号：11001」を表示後に改行しています。改行自体は表示されませんが、表示の開始位置が次行の先頭に移っています。

4行目「System.out.println();」では、()の中には何も記述していません。このように()の中に何も記述しないで「System.out.println()」メソッドを実行することで、空行が表示できます。改行を行ったことで、表示の開始位置は、さらに次の行の先頭に移っています。

5行目「System.out.print("名前：富士");」では、「名前：富士」を表示後に、改行されていません。実際には、「名前：富士」を表示後、その下の行に「C:\Users\FOM出版\Documents\FPT2311\02>」が表示されているので、改行されているようにもみえますが、仮に「System.out.println("名前：富士");」のように文字列を表示後に改行する指定をすると、もう1行空行が表示されてから「C:\Users\FOM出版\Documents\FPT2311\02>」が表示されます。

第3章

変数と配列

3-1 コメント

プログラムの中には、コンピュータで実行する部分だけでなく、人間が読んでわかるように説明やメモも書くことができます。こうした部分を活用することで、人間にとって読みやすく、わかりやすいプログラムになります。

3-1-1 コメントの記述方法

プログラムの中には、**コメント**を記述することができます。コメントとは、プログラム中に記述する注釈です。コメントはプログラムが実行されるときに無視されます。コメントを使用して処理内容の説明などを記述すると、他人が見てもわかりやすいプログラムになります。

コメントの記述方法には、「//」を使って書く方法と、「/* ～ */」を使って書く方法があります。

// を使ってコメントを書く

//（スラッシュ2つ）は、//を記述した位置から改行までをコメントとして扱います。このコメントは、変数やメソッドの説明を加えるのに適しています。

構文 // 注釈

例：コメントとして「mainメソッドの開始」と記述する。

```
public static void main(String[] args) {  // mainメソッドの定義の開始
```

例：コメントとして「サンプルプログラム」と記述する。

```
// サンプルプログラム
class Student {
```

/*～*/ を使ってコメントを書く

/* ～ */（スラッシュとアスタリスクで囲う）は、複数行をコメントとして扱います（単一行をコメントとして扱うことも可能です）。長い説明や、複数の行のプログラムをまとめてコメントにしたいときに便利です。

構文 /* 注釈 */

例：複数行まとめてコメントにする。
　※複数行まとめてコメントにする場合は、最初の「/*」で1行、最後の「*/」で1行使う書き方が一般的。

```
System.out.println("名前 : 富士 ");
System.out.println("性別 : 男性");
/*
System.out.println("名前 : 佐藤");
System.out.println("性別 : 女性");
*/
```

例：単一行をコメントとして扱う。

```
System.out.println("名前 : 富士 ");
System.out.println("性別 : 男性");
/* System.out.println("名前 : 佐藤"); */
System.out.println("性別 : 女性");
```

実践してみよう

コメントが記述されたプログラムを実行してみましょう。どの部分が実行されて、どの部分が実行されないのかを確認しましょう。

構文の使用例

プログラム：Example3_1_1.java

```
01 // サンプルプログラム
02 class Example3_1_1 {
03     public static void main(String[] args) {  // mainメソッドの定義を開始
04         System.out.println("名前 : 富士");
05         System.out.println("性別 : 男性");
06
07         /*
08         System.out.println("名前 : 佐藤");
09         System.out.println("性別 : 女性");
10         */
11     }  // mainメソッドの定義を終了
12 }
```

解説

01	コメントとして「サンプルプログラム」を記述する。
02	Example3_1_1クラスの定義を開始する。
03	mainメソッドの定義を開始する。コメントとして「mainメソッドの定義を開始」を記述する。
04	変数「名前 : 富士」の値を表示する。
05	変数「性別 : 男性」の値を表示する。
06	
07	コメントの記述を開始する。
08	コメントとして「System.out.println("名前 : 佐藤");」を記述する。
09	コメントとして「System.out.println("性別 : 女");」を記述する。
10	コメントの記述を終了する。
11	mainメソッドの定義を終了する。コメントとして「mainメソッドの定義を終了」を記述する。
12	Example3_1_1クラスの定義を終了する。

実行結果　※プログラムをコンパイルした後に実行してください

```
C:\Users\FOM出版\Documents\FPT2311\03>javac Example3_1_1.java

C:\Users\FOM出版\Documents\FPT2311\03>java Example3_1_1
名前 : 富士
性別 : 男性

C:\Users\FOM出版\Documents\FPT2311\03>
```

実行結果として表示されるのは、4行目の「名前：富士」と、5行目の「性別：男性」です。コメントとして記述した1行目と7～10行目、および3行目と11行目の一部分は表示されていないことが確認できます。

 よく起きるエラー

/* ～ */と書くコメントでは、コメントが閉じられていない場合、コンパイル時にエラーとなります。

実行結果　※コンパイル時にエラー

```
C:\Users\FOM出版\Documents\FPT2311\03>javac Example3_1_1_e1.java
Example3_1_1_e1.java:7: エラー: コメントが閉じられていません
    /*
    ^
Example3_1_1_e1.java:12: エラー: 構文解析中にファイルの終わりに移りました
}
 ^
エラー2個

C:\Users\FOM出版\Documents\FPT2311\03>
```

- **エラーの発生場所：7行目「/*」**
- **エラーの意味　　：コメントが閉じられていない。**

プログラム：Example3_1_1_e1.java

```
01 // サンプルプログラム
02 class Example3_1_1_e1 {
03     public static void main(String[] args) {  // mainメソッドの定義を開始
04         System.out.println("名前 : 富士");
05         System.out.println("性別 : 男性");
06 
07         /*
08         System.out.println("名前 : 佐藤"");
09         System.out.println("性別 : 女性");
10         //←――――――――――― コメントを終了する記述が間違っている
11     }  // mainメソッドの定義を終了
12 }
```

- **対処方法：10行目を「*/」に修正する。**

Reference

コメントアウト

一度記述したプログラムを変更するときに、記述した内容を消さずにコメントにして残すことを**コメントアウト**といいます。

プログラム：元の状態

```
System.out.println("名前 : 富士");
System.out.println("性別 : 男性");
```

プログラム：一部をコメントアウト

```
System.out.print("名前 : 富士");
// System.out.println("性別 : 男性"); ←―― プログラムの一部をコメントアウト
```

プログラムのコメントアウトは、デバッグのときによく利用します。例えば、確認している部分と無関係の場所をコメントアウトすることで、処理を簡素化して確かめやすくします。あるいは、一部をコメントアウトしてバグ（プログラムコードの誤りや欠陥）が出なくなれば、その場所にバグがあることを突き止めることができます。

また、古いコードを残しておきたいときに、コメントアウトを利用することもあります。古いコードを残しておいた場合、新しいプログラムでトラブルが起きれば、すぐに古いコードに差し戻すことができます。

プログラムは、書いてしばらく経つと内容を忘れることも多いよ。どういった意図の処理なのかコメントに書いておくと、あとで読み直したときにスムーズに理解できるよ。

3-2 変数

プログラムで扱う様々なデータを記憶するためには変数を使います。この使い方を学び、プログラム内でのデータの扱い方を身に付けていきましょう。

変数とは

変数とは、内容を変更できる値を格納しておくための箱のようなもので、名前を付けて管理します。例えば、箱に「name」という名前を付けて文字列「"富士"」を入れたり、箱に「score」という名前を付けて数値「85」を入れたりできます。このように変数には、文字列や数値など、様々なデータを入れられます。

なお、Javaでは、あらかじめ変数に対して、「文字列型を使う」、「数値型を使う」といった、入れるデータの種類を宣言しておく必要があります。変数は、最初に宣言したデータの種類の専用の箱になります。

変数は、変数名とデータ型を指定して宣言したあとに、値を入れて利用します。また、一度値を入れたあとに、他の値に入れ替えることもできます。

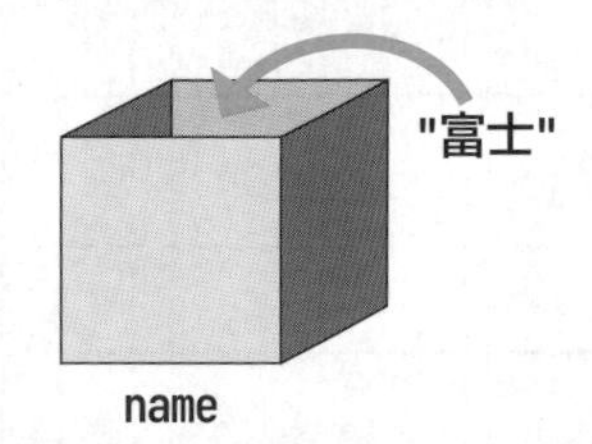

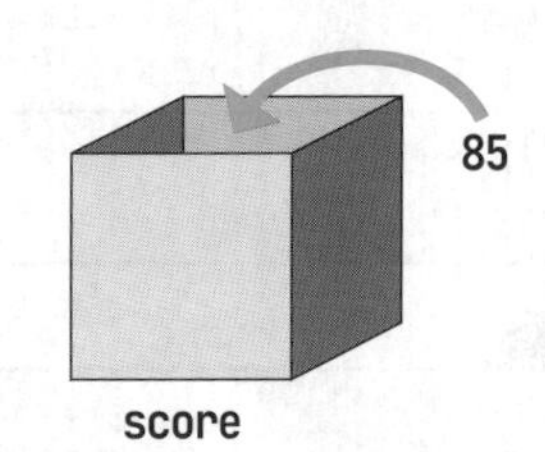

変数は、プログラムの中で何度でも使用できます。例えば、同じ数値を使って何度も計算する場合、変数に値を入れておくと、値が変更になったときは最初に格納した値を書き換えるだけで済みます。

変数の定義

変数は、プログラム内でいきなり使えるわけではありません。「これから利用する」という**変数の宣言**を行い、その後、変数に値を格納（**代入**）する必要があります。

変数の宣言では、データ型（データの種類）と変数の名前を記述します。宣言した変数に値を格納することで、変数はプログラム内で使用可能になります。変数の宣言と、変数への値の格納は、分けて書いてもよいですし、まとめて１行で書くこともできます。

変数の定義

変数を宣言する場合、**データ型名、変数名**をスペースで区切って記述します。変数を宣言しただけでは、変数には値が入っていない状態です。値を入れてから利用しなければなりません。

構文

データ型名 変数名 ; ―― 変数の宣言
変数名 = 値 ; ―― 変数への値の代入
または
データ型名 変数名 = 値 ; ―― 変数の宣言・変数への値の代入を同時に行う

例：変数numを宣言する。その後、変数numに数値「10」を代入する。

```
// 変数の宣言
int num;

// 変数への値の代入
num = 10;
```

例：変数num2を宣言して、数値「10」を代入する。

```
// 変数の宣言・変数への値の代入
int num2 = 10;
```

まず変数numを宣言し、その後に変数numに数値「10」を代入するイメージは、次のようになります。

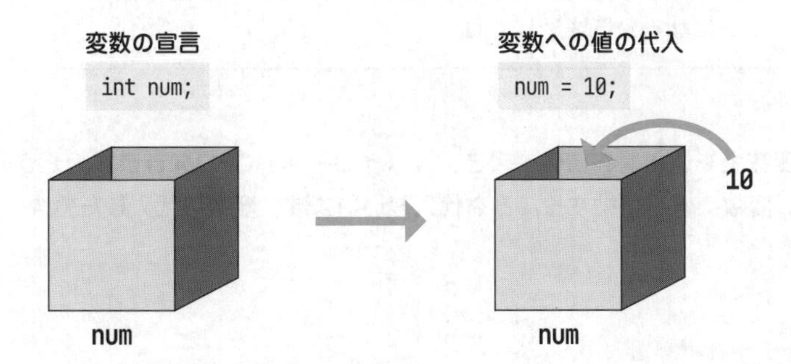

変数num2の宣言と、数値「10」の代入を同時に行う場合のイメージは、次のようになります。

変数の宣言・変数への値の代入

```
int num2 = 10;
```

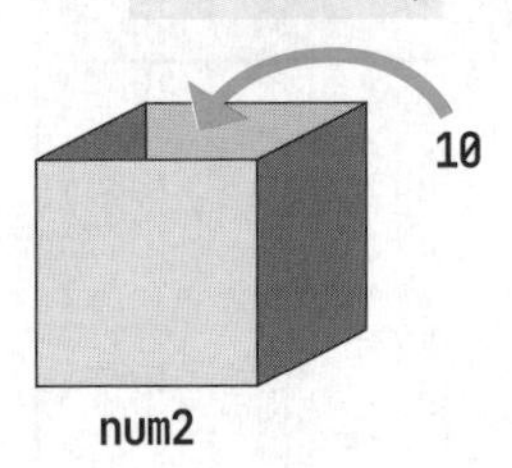

変数は、このように宣言して値を代入したあとに、様々な計算や処理で使うことができます。

変数は、定義（宣言と値の格納）してから使うんだ。定義せずにいきなり使おうとするとエラーになるから注意しようね。

データ型には、整数を格納するためのint型、文字列を格納するためのString型、そのほかに配列などがあります。データ型については、P.64で詳しく説明します。上記では、整数を格納するデータ型intを利用して説明しました。intはJavaで最も標準的な、整数を表現するデータ型です。

定義した変数は、指定したデータ型専用の変数になるよ。他のデータ型の値を入れようとするとエラーになるから注意してね。

変数に値を入れるためには、左に変数名を書き、右に値を書き、「=（イコール）」でつなぎます。そうすると左の変数に右の値が入ります。変数に値を格納することを**代入**といいます。変数に代入した値は、別の値を代入することで変更できます。

プログラミングでは「=」は同じという意味ではなく、値を代入するという意味だよ。数学とは意味が違うので混乱しやすいところだね。

実践してみよう

文字列と数値をそれぞれ変数に代入し、表示してみましょう。

構文の使用例

プログラム：Example3_2_2.java

```
01 // クラスの定義
02 class Example3_2_2 {
03     // mainメソッドの定義
04     public static void main(String[] args) {
05         // 変数を使用して名前、年齢を定義
06         String name = "富士";
07         int age = 30;
08 
09         // 変数に格納した値を表示
10         System.out.println("名前 : " + name);
11         System.out.println("年齢 : " + age);
12     }
13 }
```

解説

01 コメントとして「クラスの定義」を記述する。
02 Example3_2_2クラスの定義を開始する。
03 　　コメントとして「mainメソッドの定義」を記述する。
04 　　mainメソッドの定義を開始する。
05 　　　　コメントとして「変数を使用して名前、年齢を定義」を記述する。
06 　　　　String型の変数nameを宣言して、文字列「富士」を代入する。
07 　　　　int型の変数ageを宣言して、数値「30」を代入する。
08
09 　　　　コメントとして「変数に格納した値を表示」を記述する。
10 　　　　変数「名前 : 」の値と変数nameの値を連結して表示する。
11 　　　　変数「年齢 : 」の値と変数ageの値を連結して表示する。
12 　　mainメソッドの定義を終了する。
13 Example3_2_2クラスの定義を終了する。

実行結果　※プログラムをコンパイルした後に実行してください

```
C:\Users\FOM出版\Documents\FPT2311\03>javac Example3_2_2.java

C:\Users\FOM出版\Documents\FPT2311\03>java Example3_2_2
名前 : 富士
年齢 : 30

C:\Users\FOM出版\Documents\FPT2311\03>
```

それでは、6～7行目の変数の定義をしている部分を見ていきましょう。

Stringは、文字列を格納するためのデータ型です。Javaで文字を扱う場合によく利用します。データ型がStringの変数に格納する文字列は、「"（ダブルクォーテーション）」で囲います。

ここではnameとageという2つの変数を定義しています。2つの値を格納するには、名前の異なる2つの変数を用意する必要があります。

メソッド内（ここではmainメソッド内）で同じ名前の変数を定義しようとすると、エラーが起きるから注意しよう。

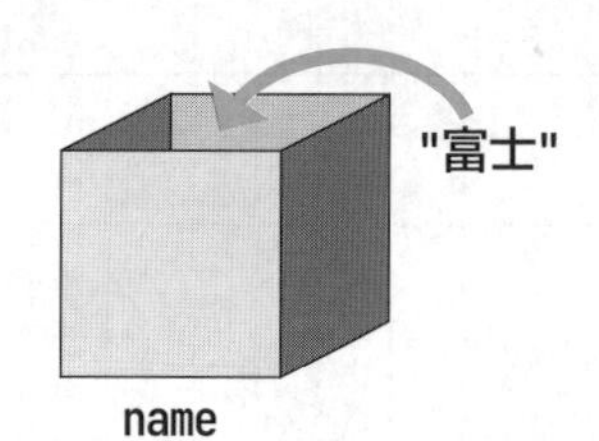

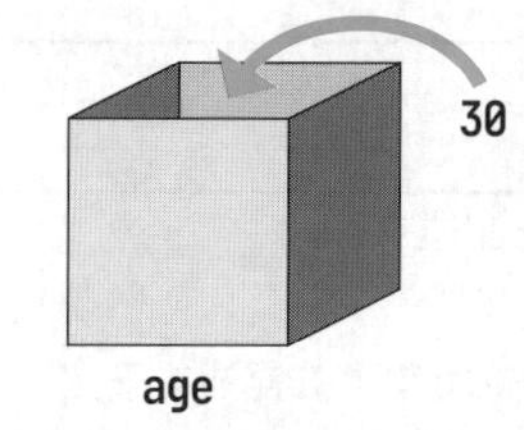

変数nameには文字列「富士」という人名を格納しています。変数ageには数値「30」という年齢を格納しています。このように変数名は、格納する値に相応しい名前にします。

わかりやすく適切な変数名を付けると、プログラムが読みやすくなり、バグ（プログラムコードの誤りや欠陥）を防ぐことにつながるよ。

文字列と、文字列の値を格納した変数の値を連結したい場合は、文字列同士を連結する演算子の「+」（P.93参照）を使います。

文字列同士を連結する演算子「+」

"文字列1" + "文字列2"
↓
"文字列1文字列2" ←―― 連結

6行目では、変数nameを宣言して、文字列「富士」を代入しています。

変数の宣言・変数への値の代入を同時に行う

変数nameに文字列「富士」を代入

10行目では、文字列「名前：」と変数nameの値「富士」を連結しています。

文字列と文字列を連結

"名前 : " + name
↓
"名前 : " + "富士" ←―― 変数nameの値
↓
"名前 : 富士" ←―― 連結

7行目では、変数ageを宣言して、数値「30」を代入しています。

変数の宣言・変数への値の代入を同時に行う

変数ageに数値「30」を代入

11行目では、文字列「年齢：」と変数ageの値「30」を連結しています。

先ほどは文字列同士の連結でしたが、今度は文字列と数値の連結です。演算子「+」の左右いずれかが文字列の場合、もう一方の値は文字列に変換されたあと、文字列として連結されます。

文字列と数値を連結

"年齢 : " + age
↓
"年齢 : " + 30 ←―― 変数ageの値
↓
"年齢 : " + "30" ←―― 文字列「30」に変換
↓
"年齢 : 30" ←―― 連結

よく起きるエラー①

変数に文字列を代入する際、文字列の前後を「"」で囲まないと、コンパイル時にエラーとなります。

実行結果　※コンパイル時にエラー

```
C:\Users\FOM出版\Documents\FPT2311\03>javac Example3_2_2_e1.java
Example3_2_2_e1.java:6: エラー: シンボルを見つけられません
    String name = 富士;
                  ^
  シンボル:   変数 富士
  場所: クラス Example3_2_2_e1
エラー1個

C:\Users\FOM出版\Documents\FPT2311\03>
```

- **エラーの発生場所：6行目「String name = 富士;」**
- **エラーの意味　　：変数nameに「富士」が代入できない。**

プログラム：Example3_2_2_e1.java

```
01 // クラスの定義
02 class Example3_2_2_e1 {
03     // mainメソッドの定義
04     public static void main(String[] args) {
05         // 変数を使用して名前、年齢を定義
06         String name = 富士;          「"」で囲んでいない
07         int age = 30;
08 
09         // 変数に格納した値を表示
10         System.out.println("名前 : " + name);
11         System.out.println("年齢 : " + age);
12     }
13 }
```

- **対処方法：6行目の「富士」の前後を「"」で囲む。**

よく起きるエラー②

System.out.printlnで存在しない変数名を指定してしまった場合、コンパイル時にエラーとなります。

実行結果　※コンパイル時にエラー

```
C:\Users\FOM出版\Documents\FPT2311\03>javac Example3_2_2_e2.java
Example3_2_2_e2.java:10: エラー: シンボルを見つけられません
    System.out.println("名前 : " + nama);
                                   ^
  シンボル:   変数 nama
  場所: クラス Example3_2_2_e2
エラー1個

C:\Users\FOM出版\Documents\FPT2311\03>
```

- **エラーの発生場所：10行目「System.out.println("名前：" + nama);」**
- **エラーの意味　　：「nama」という名前の変数が定義されていない。**

プログラム：Example3_2_2_e2.java

```
01 // クラスの定義
02 class Example3_2_2_e2 {
03     // mainメソッドの定義
04     public static void main(String[] args) {
05         // 変数を使用して名前、年齢を定義
06         String name = "富士";
07         int age = 30;
08 
09         // 変数に格納した値を表示
10         System.out.println("名前 : " + nama);  ←変数名の記述が間違っている
11         System.out.println("年齢 : " + age);
12     }
13 }
```

- **対処方法：10行目を「System.out.println("名前：" + name);」に修正する。**

3 変数と配列

よく起きるエラー③

行末が「;」の記述になっていない場合、コンパイル時にエラーとなります。

実行結果　※コンパイル時にエラー

```
C:\Users\FOM出版\Documents\FPT2311\03>javac Example3_2_2_e3.java
Example3_2_2_e3.java:6: エラー: ';'がありません
    String name = "富士":
                        ^
エラー1個

C:\Users\FOM出版\Documents\FPT2311\03>
```

- **エラーの発生場所：6行目「String name = "富士":」**
- **エラーの意味　　：「;」の記述がない。**

プログラム：Example3_2_2_e3.java

```
01 // クラスの定義
02 class Example3_2_2_e3 {
03     // main()メソッドの定義
04     public static void main(String[] args) {
05         // 変数を使用して名前、年齢を定義
06         String name = "富士":  ←行末の記述が間違っている
07         int age = 30;
08
 :         :
```

- **対処方法：6行目の行末の「:」を「;」に修正する。**

Reference

変数名の命名規則

Javaの変数名には、英字（a～z、A～Z）、数字（0～9）、アンダースコア（_）、ドル（$）が使用できます。ただし、先頭に数字は使用できません。文字の条件を満たしていても、Java言語で予約されているキーワード（P.62参照）は使用できません。また、大文字と小文字は区別されます。
変数名の例は、次のとおりです。

- **正しい変数名の例**
  name、age、gender、j_goukei、$test
- **誤った変数名の例**
  3a、!Man
- **大文字と小文字の区別する例**
  seibetsu と Seibetsu は別の変数として扱われる。

Reference

エスケープシーケンス

エスケープシーケンスとは、改行やタブなど、入力できない特殊な文字を表現するための方法のことです。見えない文字を出力するときや、意味のある記号を文字として出力するときに使います。
エスケープシーケンス単体では1文字（char型）として扱われますが、文字列の中に含めることも可能です。
Javaでは、「¥（円記号）」、「"（ダブルクォーテーション）」、「'（シングルクォーテーション）」はそれぞれ特殊な意味を持つため、単なる文字として使用する場合には「¥」をそれぞれの先頭に付けます。
代表的なエスケープシーケンスには、次のようなものがあります。

主なエスケープシーケンス

使用例	意味
¥t	タブ
¥n	改行
¥¥	¥
¥"	"
¥'	'

なお、OSやフォントによっては「¥（円記号）」でなく「\（バックスラッシュ）」で表示される場合もあります。その場合は「¥」を「\」に置き替えてください。

プログラム：Example3_2_2_r1.java

```
01 class Example3_2_2_r1 {
02     public static void main(String[] args) {
03         System.out.println("改行:¥n、¥t:タブ¥t:タブ");    // 改行とタブを表示
04         System.out.println("¥¥250");                      // \250と表示
05         System.out.println("¥'H¥'");                      // 'H'と表示
06         System.out.println("¥"Hello¥"");                  // "Hello"と表示
07     }
08 }
```

実行結果　※プログラムをコンパイルした後に実行してください

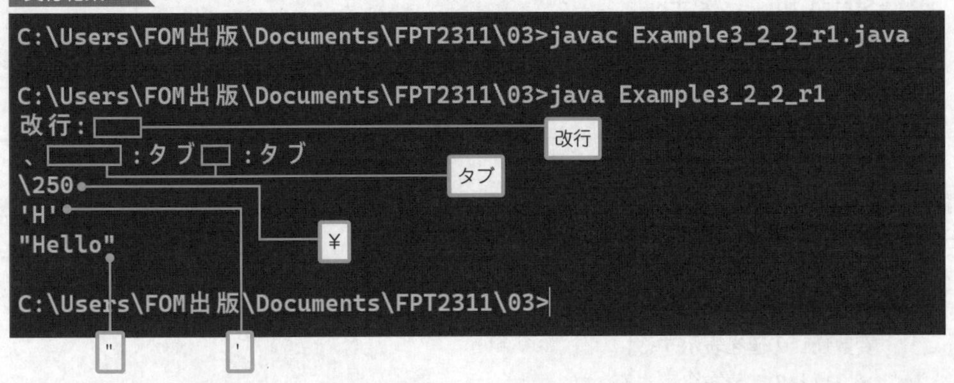

3-2-3 キーワード(予約語)

次のリストは、Java言語で予約されている**キーワード(予約語)**の一覧表です。各キーワードは、Javaのプログラム中において特別な意味を持つものとして予約されており、変数名やメソッド名に同じものを使用できません。

キーワード一覧

abstract	assert	boolean	break	byte	case	catch
char	class	const	continue	default	do	double
else	enum	extends	final	finally	float	for
goto	if	implements	import	instanceof	int	interface
long	native	new	package	private	protected	public
return	short	static	strictfp	super	switch	synchronized
this	throw	throws	transient	try	void	volatile
while	_ (アンダースコア)					

実践してみよう

次のようなプログラムは、エラーになってしまいます。

構文の使用例

プログラム:Example3_2_3.java

```
01 class Example3_2_3 {
02     public static void main(String[] args) {
03         String this = "富士";
04         System.out.println(this);
05     }
06 }
```

解説

01 Example3_2_3クラスの定義を開始する。
02 　mainメソッドの定義を開始する。
03 　　String型の変数thisを宣言して、文字列「富士」を代入する。
04 　　変数thisの値を表示する。
05 　mainメソッドの定義を終了する。
06 Example3_2_3クラスの定義を終了する。

実行結果　※コンパイル時にエラー

```
C:\Users\FOM出版\Documents\FPT2311\03>javac Example3_2_3.java
Example3_2_3.java:3: エラー: 文ではありません
        String this = "富士";
        ^
Example3_2_3.java:3: エラー: ';'がありません
        String this = "富士";
              ^
エラー2個

C:\Users\FOM出版\Documents\FPT2311\03>
```


変数名にキーワード「this」を使っているのがエラーの原因です。thisではなく、nameなどに変数名を変更すればエラーは出なくなります。

一般的な命名規約

複数人でプログラミングをする場合などは、ルールとして「一般的な命名規則」を決めて、皆が読みやすいプログラムを書くことが求められます。一般的な命名規約に反しても、コンパイルエラーは発生しません。しかし、プログラムの読みやすさ（可読性）を考慮し、一般的な命名規約に従って記述するようにしましょう。

一般的な命名規則は、例えば次のようにルール化します。

● **変数名**

- **大文字と小文字による名詞を使用する。**
- **先頭は小文字を使用し、単語の切れ目 には大文字を使用する。**
- **変数名には「_（アンダースコア）」を使用しない。**
- **カウンタ変数（i、j、k）を除いて、1文字の変数名は使用しない。**

例）name、address、initValue

● **クラス名**

- **大文字と小文字による名詞を使用する。**
- **先頭は大文字を使用し、単語の切れ目にも大文字を使用する。**
- **クラス名およびインタフェース名には「_（アンダースコア）」を使用しない。**

例）MySampleApplet、AudioClip、ActionListener

● **メソッド名**

- **大文字と小文字による動詞を使用する。**
- **先頭は小文字を使用し、単語の切れ目 には大文字を使用する。**
- **メソッド名には「_（アンダースコア）」を使用しない。**

例）setAddress()、insertRow()、isFull()
※メソッドについては「第５章 メソッド」を参照してください。

3-3 Javaで扱われるデータ型

データには、数値や文字列といったデータの種類が存在します。データ型とは、データの種類のことです。Javaで扱われるデータ型には、大きくとらえて「基本データ型」と「参照型」の2つがあります。

3-3-1 データ型の種類

基本データ型と参照型との大きな違いは、**基本データ型**では変数自体が値を格納しているのに対し、**参照型**では参照先（アドレス値）を格納している点です。

基本データ型

例

```
int number = 100;
```

100

number

int型、double型

参照型

例

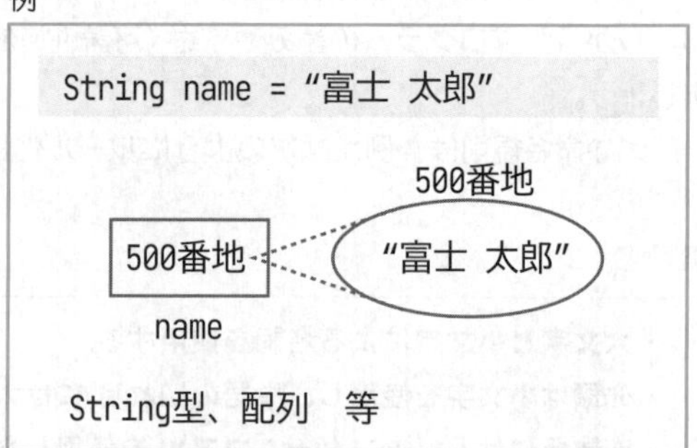

基本データ型は、財布に直接現金を入れているようなものです。変数の中に、直接値が入っています。

参照型は倉庫に金品を入れて、財布には倉庫の住所を書いた紙を入れているようなものです。変数の中にはデータ本体は入っておらず、データ本体は別の場所にあります。そして変数の中には、そのデータ本体の場所を表す参照先（アドレス値）が入っています。

基本データ型は単純だけど、参照型は少し複雑だね。これからこの2つを、もっと詳しく見ていこう。

Reference

アドレス値

アドレス値とは、データが実際に格納されている場所を表す参照先のことです。上の例の場合、変数nameにはアドレス値「500番地」への参照先が入り、アドレス値「500番地」には実際のデータである"富士 太郎"が入っています。

3-3-2 基本データ型

Javaにおける基本データ型の一覧を示します。Javaでは、様々なOS上やデバイス上でプログラムを書き換えずにそのまま動かせるように、データ型のサイズ（どれだけメモリを利用するか）は言語仕様として定義されています。

プログラミング言語の中には、OSやデバイスが異なるとデータ型のサイズが異なるものもあります。そうした言語では、他の環境でプログラムを動かしたいときは、プログラムを書き換える必要があります。Javaではそのような手間をかける必要はなく、他の環境でもそのままプログラムを利用できます。

基本データ型には、次のようなものがあります。

基本データ型

データ型	サイズ（ビット）	とりうる値と範囲
byte	8	-128 ～ 127
short	16	-32768 ～ 32767
int	32	-2147483648 ～ 2147483647
long	64	-9223372036854775808 ～ 9223372036854775807
float	32	±1.40239846E-45 ～ ±3.40282347E+38
double	64	±4.94065645841246544E-324 ～ ±1.79769313486231570E+308
char	16	'\u0000' ～ "\uffff'
boolean	-	true、false

上の表に出てくる基本データ型のうち、charとbooleanを除いた数値の基本データ型は、すべて正と負の符号が付きます。プログラミング言語によっては、正の数値のみで負の数値がないデータ型も存在します。しかし、Javaでは、すべての数値に正負の符号が付きます。

基本データ型は、いくつかの種類に分かれます。整数を表現する**整数型**、小数点を含む数値を表現する**浮動小数型**、1文字を表現する**文字型**、真偽の2値を表現する**論理型**です。

基本データ型は、次のように分類されます。

基本データ型の分類

種類	含まれるデータ型
整数型	byte、short、int、long
浮動小数型	float、double
文字型	char
論理型	boolean

整数型

整数型には、byte、short、int、longの４種類のデータ型があります。これらの整数型は、扱う数値の範囲によってどの型を使うのかを選びます。int型が最も多く利用されますが、大きな数値を使うときはlong型を選びます。

パソコンのように、メモリが豊富な動作環境では、扱う数値の範囲がせまくてもint型を使うことが多いです。しかし、炊飯器や掃除機といった家電のように、メモリに制限がある動作環境では、扱う数値の範囲に応じてshor型やbyte型のように、より小さいサイズのデータ型を選びます。また、配列のようにいくつものデータをまとめて大量に扱うときには、どのデータ型を選ぶかが重要です。例えば、１万個の情報を扱う場合、int型（サイズが32ビット）なら32万ビットのメモリを使いますが、byte型（サイズが８ビット）なら８万ビットのメモリで済みます。小さなサイズのデータ型を選ぶことで、消費メモリを節約できます。

浮動小数型

小数点以下を含む数値を扱うデータ型です。浮動小数型も整数型と同じように、扱う数値の範囲によってどの型を使うかを選びます。

浮動小数型で扱う数値は、正確な実数ではなく近似値になります。近似値には誤差（わずかな値の違い）があります。そのため浮動小数型の計算結果を比較する際には注意が必要です。計算結果が同じになると思っていても誤差で異なってしまいます。そのため２つの浮動小数型の値に対して、同じになるか判定しないでください。意図したようには一致せず、バグ（プログラムコードの誤りや欠陥）を生み出してしまいます。

char型

Javaでは文字をUnicodeとして扱います。Unicodeは文字コードの業界標準規格です。**文字コード**とは、１つ１つの文字を数値で表してコンピュータ上で処理できるようにした規格のことです。Unicodeには日本語をはじめとして世界中のたくさんの文字が含まれています。最初の128文字は、英数字を表す文字コードの規格であるASCIIと同じで、以降はアクセント記号の付いた文字、漢字などが続きます。

boolean型

boolean型は、論理値であるtrue（真）またはfalse（偽）を値として持ちます。trueは「トゥルー（trúː）」と読み、「真」「正しい」「合っている」という意味を持ちます。falseは「フォルス（fɔls）」と読み、「偽」「間違っている」「合っていない」という意味を持ちます。このデータ型は、条件判定や、繰り返し処理の継続条件などで使用します。Javaでは真偽をboolean型で判定します。

基本データ型は、メモリ上にそのまま値を記録しておくシンプルなデータ型だよ。

3-3-3 参照型

参照型とは、オブジェクトを参照するために存在するデータ型の総称です。Javaでは、基本データ型以外を参照型として扱います。オブジェクトについては「6-1-1 クラスとオブジェクト」を参照してください（P.210参照）。

参照型の１つとして、文字列を扱う**String型**があります。「"（ダブルクォーテーション）」で囲んだ記述を文字列として扱います。

String型は、文字列を演算子「+（プラス）」で連結できます。次のプログラムでは、２つのString型のデータを連結し、１つの文字列にしています。

プログラム

```
String str1 = "Welcome To ";
String str2 = "Java Education";
String str3;
str3 = str1 + str2;        // 連結
```

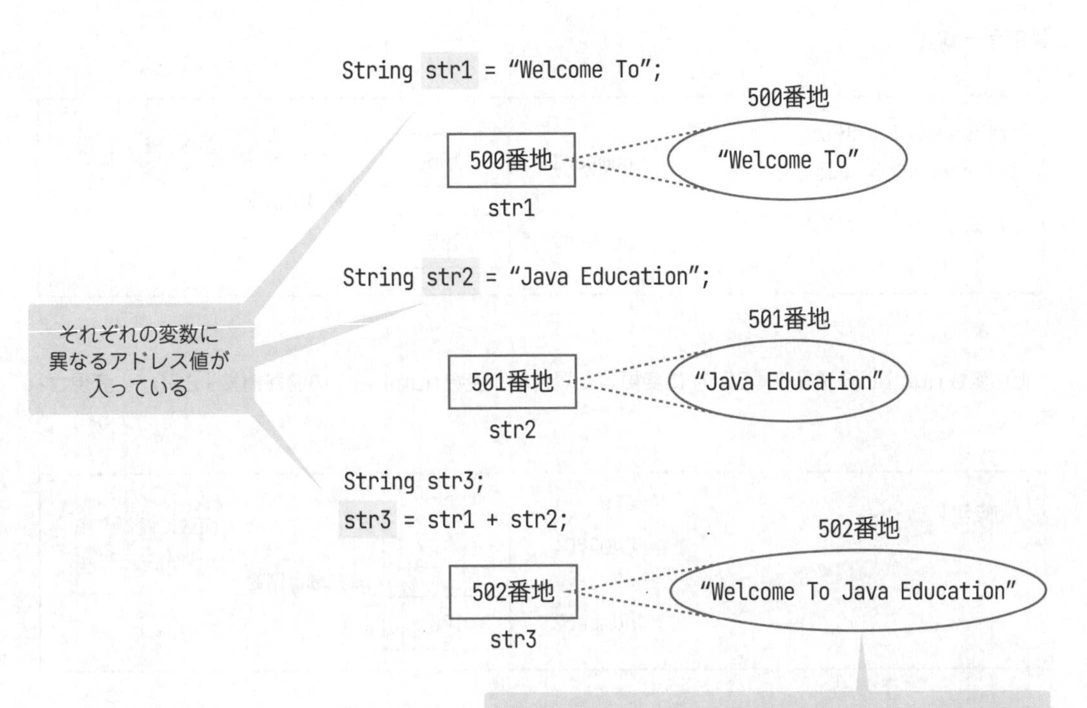

数値や論理値以外のデータ型は、ほとんど参照型になるよ。

基本データ型と参照型

基本データ型と参照型では、ある変数に、他の変数の値を代入したときの挙動が異なります。

基本データ型では、変数Aの値を変数Bに代入したときには、次のような動作になります。

1. 変数Aに格納されている値の複製を作る。
2. 複製した値を、変数Bに代入する。

基本データ型では、変数に値（次の例では値「100」）が直接代入されます。これは変数に値がそのままコピーされる形で代入されます。

例えば、次の図のように、変数number1に値「100」が格納されている場合、変数number2に変数number1の値を代入すると、変数number2には値「100」がコピーされます。

基本データ型

例

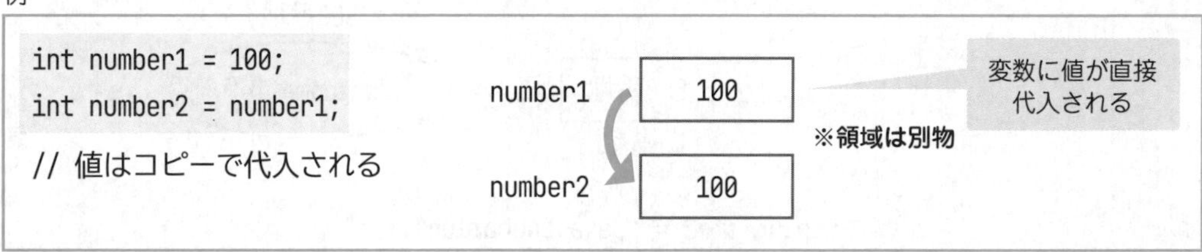

仮に変数number1の値を「200」に変更した場合は、変数number1の値が直接「200」に変更されます。

```
number1 = 200;
```

number1	200
number2	100

変数に値が直接代入される

※領域は別物

参照型では、変数Aの値を変数Bに代入したときには、次のような動作になります。

1. 変数Aに格納されているアドレス値の複製を作る。
2. 複製したアドレス値を、変数Bに代入する。

注意すべきポイントは、アドレス値の場所にあるデータ自体は複製されないことです。

参照型では、変数にアドレス値（次の例では「500番地」）が代入されます。これは変数に格納されているアドレス値がコピーされる形で代入されます。

例えば、変数name1に値「500番地」が格納されている場合、変数name2に変数name1の値を代入すると、変数name2には値「500番地」がコピーされます。ここで注目すべきポイントは、値「500番地」が参照する値「"富士 太郎"」をコピーするのではないということです。

参照型

例

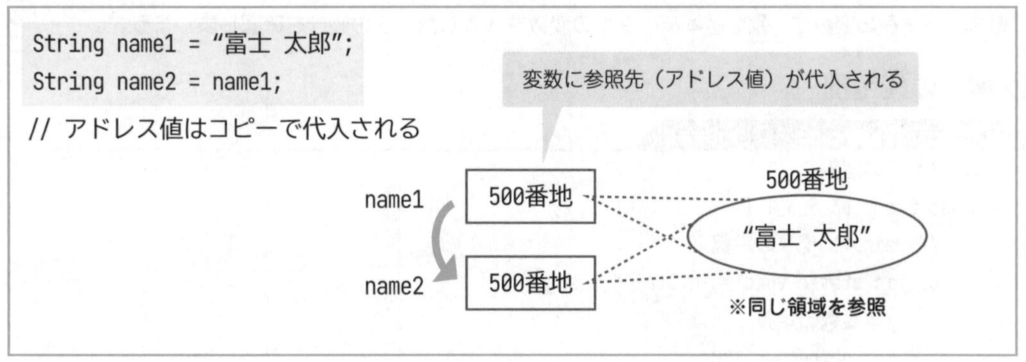

仮に変数name1が参照する値「"富士 太郎"」を「"富士 三郎"」に変更した場合、name1が参照するアドレス値も自動的に変更されます。そして変数name1の値は新たに割り振られた値「"富士 三郎"」を参照するアドレス値（値「501番地」）が格納されます。

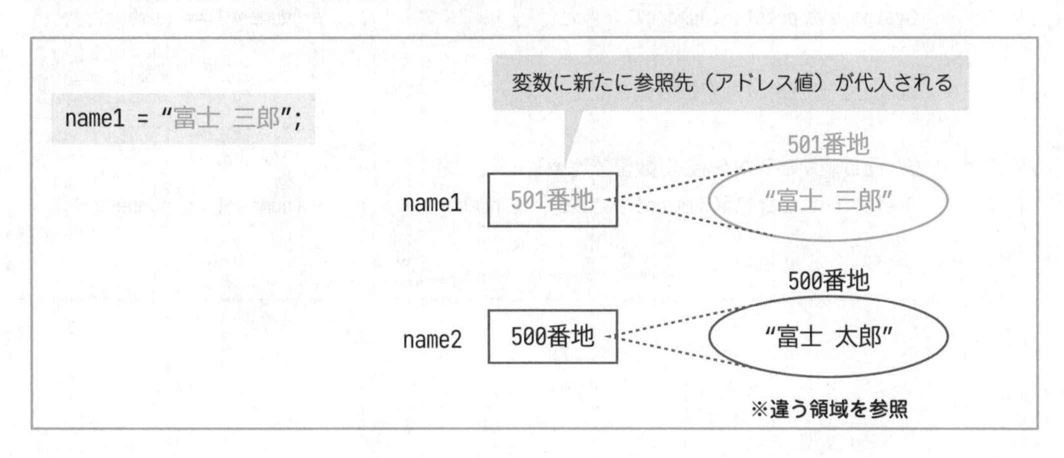

こうした違いがあるため、データを比較するときは注意が必要です。

Javaでは、演算子「==」を使用すると、変数内の値を比較します。基本データ型では値が直接格納されているので問題なく比較できますが、参照型では問題が起きます。この演算子を参照型の変数に対して使用すると、「同じアドレス値を持っているか」を判定することになり、「参照先の中身が同じであるか」の判定にはなりません。

それでは参照型では、アドレス値の場所にあるデータ自体の比較ができないのでしょうか。そのようなことはありません。Javaではアドレス値の場所にあるデータ自体を比較する方法が用意されています。例えば、Stringクラスの参照型の変数で、「参照先の中身が同じであるか」を判定する場合、Stringクラスの**equals()メソッド**を使用します。

実践してみよう

基本データ型の変数に、別の基本データ型の変数を代入したときの動きを確認しましょう。

構文の使用例

プログラム：Example3_3_3_1.java

```
01 // クラスの定義
02 class Example3_3_3_1 {
03     // mainメソッドの定義
04     public static void main(String[] args) {
05         // 変数の定義
06         int number1 = 100;
07         int number2 = number1; // 数値をコピー
08 
09         // 同じ値かどうかを確認(数値で比較)
10         System.out.println(number1 + " と " + number2 + " : " + (number1 == number2));
11 
12         number1 = 200; // 変数の値を変更
13 
14         // 同じ値かどうかを確認(数値で比較)
15         System.out.println(number1 + " と " + number2 + " : " + (number1 == number2));
16     }
17 }
```

解説

01	コメントとして「クラスの定義」を記述する。
02	Example3_3_3_1クラスの定義を開始する。
03	コメントとして「mainメソッドの定義」を記述する。
04	mainメソッドの定義を開始する。
05	コメントとして「変数の定義」を記述する。
06	int型の変数number1を宣言して、数値「100」を代入する。
07	int型の変数number2を宣言して、変数number1の値を代入する。コメントとして「数値をコピー」を記述する。
08	
09	コメントとして「同じ値かどうかを確認(数値で比較)」を記述する。
10	変数number1の値、文字列「 と 」、変数number2の値、文字列「 : 」、「変数number1の値と変数number2の値を比較した結果」を連結する。
11	
12	変数number1の値を数値「200」に変更する。コメントとして「変数の値を変更」を記述する。
13	
14	コメントとして「同じ値かどうかを確認(数値で比較)」を記述する。
15	変数number1の値、文字列「 と 」、変数number2の値、文字列「 : 」、「変数number1の値と変数number2の値を比較した結果」を連結する。
16	mainメソッドの定義を終了する。
17	Example3_3_3_1クラスの定義を終了する。

実行結果

※プログラムをコンパイルした後に実行してください

```
C:\Users\FOM出版\Documents\FPT2311\03>javac Example3_3_3_1.java

C:\Users\FOM出版\Documents\FPT2311\03>java Example3_3_3_1
100 と 100 : true
200 と 100 : false

C:\Users\FOM出版\Documents\FPT2311\03>
```

変数に格納されている「数値」で比較

7行目「int number2 = number1;」では、変数number2に、変数number1に格納されている値「100」が直接代入されます。これは変数number2に値「100」が直接コピーされる形で代入されます。

10行目では、変数number1の値「100」と、変数number2の値「100」を比較して、その結果を画面に表示しています。同じ値「100」同士で比較するため、「true（真）」と結果が返されます。

さらに、12行目で変数number1の値を数値「200」に変更しています。

15行目では、変数number1の値「200」と、変数number2の値「100」を比較して、その結果を画面に表示しています。異なる値「200」と値「100」を比較するため、「false（偽）」と結果が返されます。

次に、参照型の変数に、別の参照型の変数を代入したときの動きを確認しましょう。

構文の使用例

プログラム：Example3_3_3_2.java

```
01 // クラスの定義
02 class Example3_3_2 {
03     // mainメソッドの定義
04     public static void main(String[] args) {
05         // 変数の定義
06         String name1 = "富士 太郎";
07         String name2 = name1;  // アドレス値をコピー
08 
09         // 同じ値かどうかを確認(アドレス値で比較)
10         System.out.println(name1 + " と " + name2 + " : " + (name1 == name2));
11 
12         name1 = "富士 三郎";  // 変数の値を変更
13 
14         // 同じ値かどうかを確認(アドレス値で比較)
15         System.out.println(name1 + " と " + name2 + " : " + (name1 == name2));
16 
17         // 同じ値かどうかを確認(アドレス値が参照する値で比較)
18         System.out.println(name1 + " と " + name2 + " : " + (name1.equals(name2)));
19     }
20 }
```

解説

01 コメントとして「クラスの定義」を記述する。
02 Example3_3_2クラスの定義を開始する。
03 コメントとして「mainメソッドの定義」を記述する。
04 mainメソッドの定義を開始する。
05 コメントとして「変数の定義」を記述する。
06 String型の変数name1を宣言して、文字列「富士 太郎」を代入する。
07 String型の変数name2を宣言して、変数name1の値を代入する。コメントとして「アドレス値をコピー」を記述する。
08
09 コメントとして「同じ値かどうかを確認(アドレス値で比較)」を記述する。
10 変数name1の値、文字列「 と 」、変数name2の値、文字列「 : 」、「変数name1の値と変数name2の値を比較した結果」を連結する。
11
12 変数name1の値を文字列「富士 三郎」に変更する。コメントとして「変数の値を変更」を記述する。
13

14	コメントとして「同じ値かどうかを確認(アドレス値で比較)」を記述する。
15	変数name1の値、文字列「 と 」、変数name2の値、文字列「 : 」、「変数name1の値と変数name2の値を比較した結果」を連結する。
16	
17	コメントとして「同じ値かどうかを確認(アドレス値が参照する値で比較)」を記述する。
18	変数name1の値、文字列「 と 」、変数name2の値、文字列「 : 」、「変数name1の参照先の値と、変数name2の参照先の値を比較した結果」を連結する。
19	mainメソッドの定義を終了する。
20	Example3_3_3_2クラスの定義を終了する。

実行結果　※プログラムをコンパイルした後に実行してください

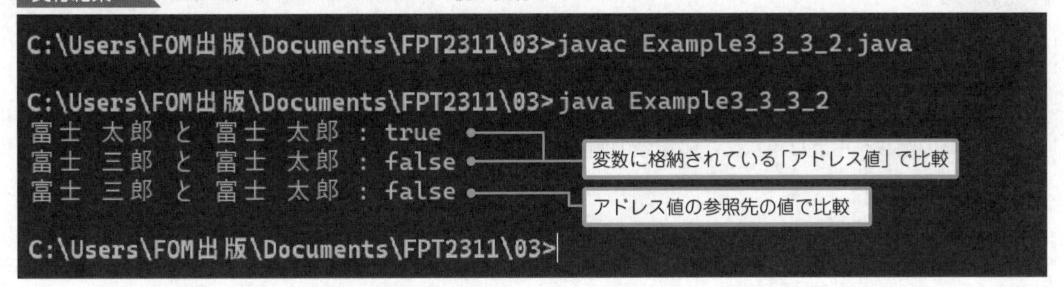

7行目「String name2 = name1;」では、変数name2に、変数name1に格納されているアドレス値が代入されます。これは変数name2にアドレス値がコピーされる形で代入されます。ここで注目するポイントは、アドレス値が参照する値「"富士 太郎"」をコピーするのではないということです。

10行目では、変数name1のアドレス値と、変数name2のアドレス値を比較して、その結果を画面に表示しています。同じアドレス値同士で比較するため、「true（真）」と結果が返されます。

さらに、12行目「name1 = "富士 三郎";」では、変数name1の値を変更しています。変数name1が参照する値「"富士 太郎"」を「"富士 三郎"」に変更した場合、変数name1が参照するアドレス値も自動的に変更されます。変数name1の値は新たに割り振られた値「"富士 三郎"」を参照するアドレス値が格納されます。

15行目では、変数name1のアドレス値と、変数name2のアドレス値を比較して、その結果を画面に表示しています。異なるアドレス値を比較するため、「false（偽）」と結果が返されます。

18行目では、equals()メソッド（P.70参照）を使って、変数name1のアドレス値が参照する値「"富士 三郎"」と、変数name2のアドレス値が参照する値「"富士 太郎"」を比較して、その結果を画面に表示しています。異なる値を比較するため、「false（偽）」と結果が返されます。equals()メソッドは参照先の中身が同じであるかどうかを比較します。

3-4 配列

複数のデータをまとめて扱うには配列を使います。配列は繰り返し処理に便利なデータ構造です。同じプログラムで大量のデータを処理するときに役立ちます。

3-4-1 配列とは

配列とは、同じ型である複数のデータをひとまとめにしたデータ構造です。配列は、基本データ型やString型、クラスのデータなどを一度に複数定義したいときに利用します。配列を定義するには、データ型と領域の個数を指定します。この領域の個数を**要素数**といいます。

配列を使わないと…

```
int score0, score1, score2;
```

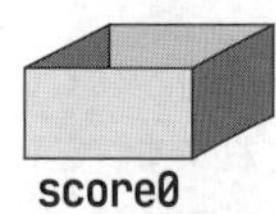

score0

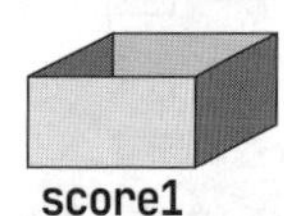

score1

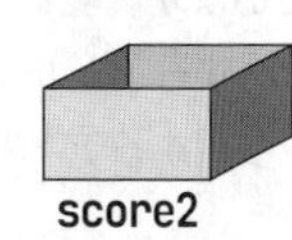

score2

●複数のデータを別々の変数で扱う
●繰り返し処理に不便

配列を使わないと…

```
int[] score = new int[3];
```

配列score

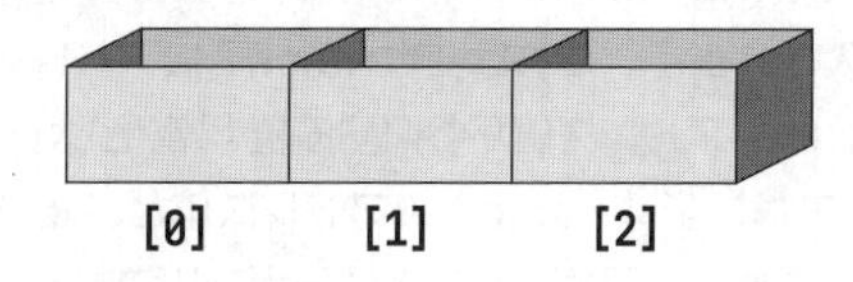

[0] [1] [2]

●複数のデータをひとまとめにした配列で扱う
●繰り返し処理に便利

データをまとめると、繰り返し処理（P.116参照）などと組み合わせることで効率的にデータを操作できるようになります。

Javaの配列は、同じ種類のデータ型をひとまとめにしたものだよ。他の種類のデータ型は代入できないから気を付けようね。

配列の各要素を識別する場合、**要素番号（インデックス）**を使用します。この要素番号は、0から始まる整数値で、最後の要素番号は「要素数-1」になります。この要素番号を変動させて、繰り返し処理（P.116参照）で利用することもできます。

例
100個の変数に0～99の値を格納する場合

配列を使用しない場合

```
int num0 = 0;
int num1 = 1;
int num2 = 2;
    ⋮
int num99 = 99;
```

配列を使用した場合

```
int[]num = new int[100];
for (int i = 0; i < 100; i++) {
    num[i] = i;
}
```

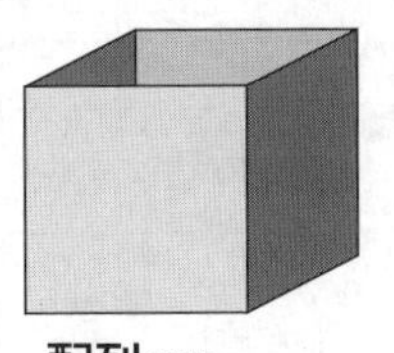
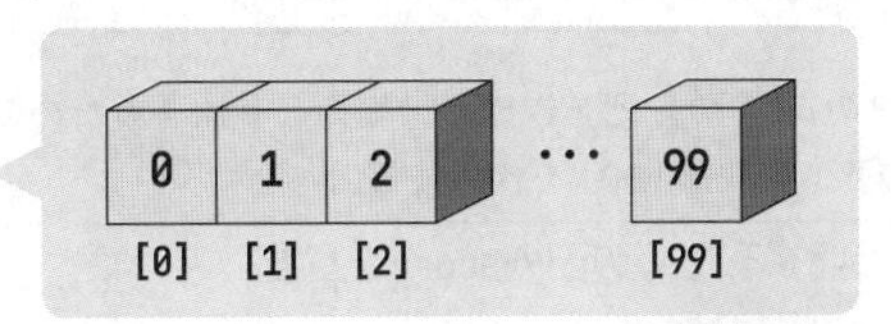

要素数100

配列の要素番号は0から数え始まるよ。1からではないから注意しよう。また、最後の要素番号は、要素数と同じではなく「要素数-1」だよ。間違いやすいから気を付けようね。

大量のデータがある場合、変数を１つずつ定義していくのには限度があります。配列を利用すれば、多くのデータを１つにまとめて扱うことができます。配列の各要素にデータを格納して、要素番号を示す変数の値を変えていくことで、各要素に対して処理を行っていくことができます。配列を使うことで、人間には処理できないような規模のデータも処理できるようになります。

3-4-2 配列の定義

同じデータ型である複数のデータをひとまとめにした配列を定義します。配列を定義するには、データ型と要素数（領域の個数）を指定します。

定義した配列の各要素に、値を代入することで、実際に配列を利用することができます。

配列の定義

配列を定義する場合、配列を操作する変数名を定義した後、キーワードnewとデータ型、要素数を指定します。キーワードnewは、配列やクラスの実体（オブジェクト）を定義するときに利用する演算子です。その後、各要素に対して値を代入していきます。

構文

```
データ型名[] 変数名;
変数名 = new データ型名[要素数];
変数名[要素番号] = 値;
      または
データ型名[] 変数名 = new データ型名[要素数];
変数名[要素番号] = 値;
```

例：要素数3のint型の配列を作成し、配列を参照するための配列scoreを宣言して代入する。配列scoreの1番目の要素に数値「80」を代入する。

```
// 配列を参照するための配列scoreを宣言
int[] score
// 要素数3のint型の配列を作成し、配列を参照するための配列scoreに代入
score = new int[3];
// 配列scoreの1番目の要素に数値「80」を代入
score[0] = 80;
```

例：要素数3のint型の配列を作成し、配列を参照するための配列scoreを宣言して代入する。配列scoreの1番目の要素に数値「80」を代入する。

```
// 要素数3のint型の配列を作成し、配列を参照するための配列scoreを宣言して代入
int[] score = new int[3];
// 配列scoreの1番目の要素に数値「80」を代入
score[0] = 80;
```

上の1番目の例の動きについて、図で示します。

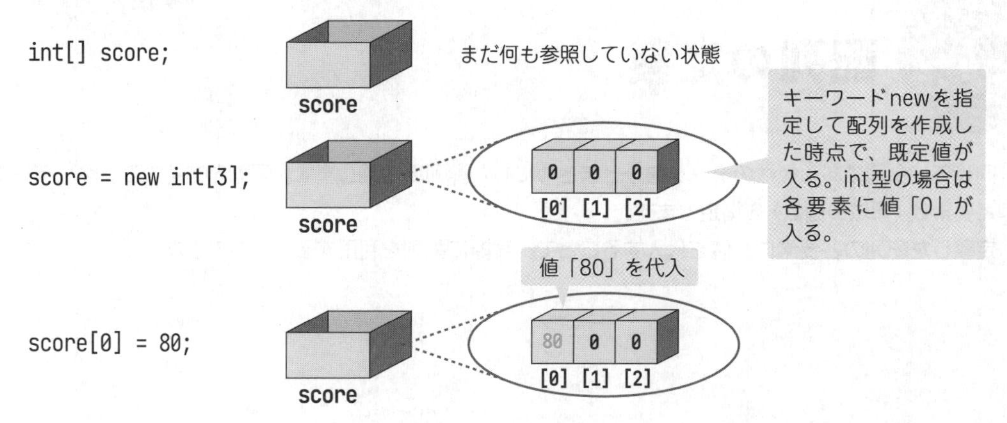

実践してみよう

配列を作成して変数に代入し、表示してみましょう。

構文の使用例

プログラム：Example3_4_2.java

```
01 // クラスの定義
02 class Example3_4_2 {
03     // mainメソッドの定義
04     public static void main(String[] args) {
05         // 要素数3のint型の配列を作成し、その配列を参照するための配列を宣言して代入
06         int[] score = new int[3];
07         // 配列の各要素に値を代入
08         score[0] = 80;
09         score[1] = 100;
10         score[2] = 60;
11 
12         // 配列の各要素を表示
13         System.out.println("英語 : " + score[0]);
14         System.out.println("数学 : " + score[1]);
15         System.out.println("物理 : " + score[2]);
16     }
17 }
```

解説

01 コメントとして「クラスの定義」を記述する。
02 Example3_4_2クラスの定義を開始する。
03 　　コメントとして「mainメソッドの定義」を記述する。
04 　　mainメソッドの定義を開始する。
05 　　　　コメントとして「要素数3のint型の配列を作成し、その配列を参照するための配列を宣言して代入」を記述する。
06 　　　　要素数3のint型の配列を作成し、その配列を参照するための配列scoreを宣言して代入する。
07 　　　　コメントとして「配列の各要素に値を代入」を記述する。
08 　　　　配列scoreの1番目の要素に数値「80」を代入する。
09 　　　　配列scoreの2番目の要素に数値「100」を代入する。
10 　　　　配列scoreの3番目の要素に数値「60」を代入する。
11
12 　　　　コメントとして「配列の各要素を表示」を記述する。
13 　　　　文字列「英語 : 」と配列score[0]の値を連結して表示する。

14	文字列「数学 ：」と配列score[1]の値を連結して表示する。
15	文字列「物理 ：」と配列score[2]の値を連結して表示する。
16	mainメソッドの定義を終了する。
17	Example3_4_2クラスの定義を終了する。

実行結果　※プログラムをコンパイルした後に実行してください

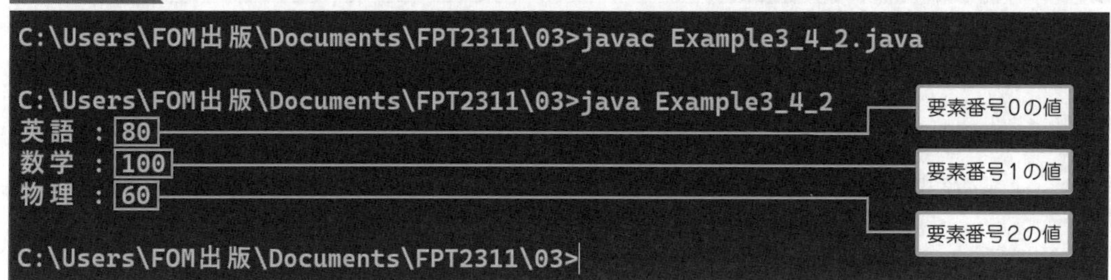

6行目では、要素数3の配列を作成し、配列を参照するための配列scoreを宣言して代入しています。作成した配列はint型の配列です。

配列を作成した時点で、配列の各要素に値を代入していない場合、Javaでは既定値が入っています。int型のように数値の場合は値「0」が入ります。boolean型ではtrue(真)とfalse(偽)を表現しますが、falseが入ります。String型のような参照型の場合は、null(値がないことを表す特殊な値)が入ります。次の表は、配列scoreの値の状態を示しています。

要素番号0	要素番号1	要素番号2
0	0	0

8行目では、配列scoreの1番目の要素(要素番号0)に、数値「80」を代入しています。
この時点では、2番目の要素(要素番号1)と、3番目の要素(要素番号2)は値「0」のままです。

要素番号0	要素番号1	要素番号2
80	0	0

9行目では、配列scoreの2番目の要素(要素番号1)に、数値「100」を代入しています。
この時点では、3番目の要素(要素番号2)は値「0」のままです。

要素番号0	要素番号1	要素番号2
80	100	0

10行目では、配列scoreの3番目の要素(要素番号2)に、数値「60」を代入しています。
この時点で、すべての要素に値を代入した状態になりました。

要素番号0	要素番号1	要素番号2
80	100	60

13～15行目では、配列scoreの各要素を、要素番号0の値「80」をscore[0]と指定して表示し、要素番号1の値「100」をscore[1]と指定して表示し、要素番号2の値「60」をscore[2]と指定して表示しています。なお、配列scoreは参照型ですので、次のように配列の実体を参照した状態になっています。

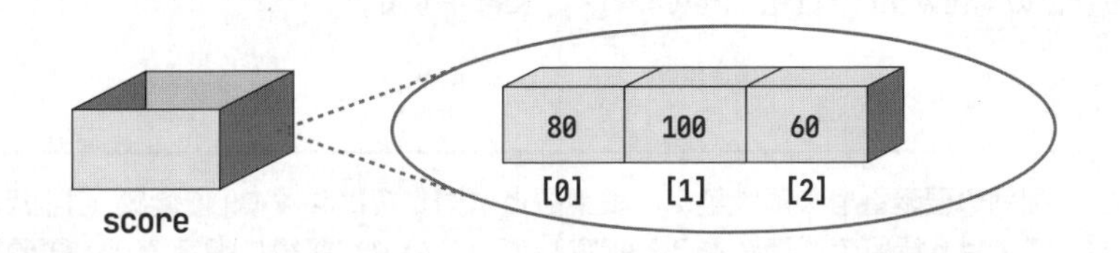

よく起きるエラー

配列の要素数を超えた要素番号を指定すると、実行時にエラーとなります。

実行結果　※実行時にエラー

```
C:\Users\FOM出版\Documents\FPT2311\03>javac Example3_4_2_e1.java

C:\Users\FOM出版\Documents\FPT2311\03>java Example3_4_2_e1
Exception in thread "main" java.lang.ArrayIndexOutOfBoundsException: Index 2 out of bounds for length 2
        at Example3_4_2_e1.main(Example3_4_2_e1.java:10)

C:\Users\FOM出版\Documents\FPT2311\03>
```

- **エラーの発生場所：10行目「score[2] = 60;」**
- **エラーの意味　　：配列の要素数(=2)を超えた要素番号(=2)を指定している。**

プログラム：Example3_4_2_e1.java

```
01 // クラスの定義
02 class Example3_4_2_e1 {
03     // mainメソッドの定義
04     public static void main(String[] args) {
05         // 要素数3のint型の配列を作成し、その配列を参照するための配列を宣言して代入
06         int[] score = new int[2]; ―――― 配列の要素数の指定を間違っている
07         // 配列の各要素に値を代入
08         score[0] = 80;
09         score[1] = 100;
10         score[2] = 60; ―――― 配列の要素数の範囲を超えている
11 
12         // 配列の各要素を表示
13         System.out.println("英語 : " + score[0]);
```

```
14          System.out.println("数学 : " + score[1]);
15          System.out.println("物理 : " + score[2]);
16      }
17  }
```

● **対処方法：6行目の「new int[2]」を「new int[3]」に修正する。**

配列の要素番号の最大値は、要素数とは同じではなくて「要素数－1」だよ。ここでは6行目で要素数を2と指定しているので、最後に指定できる要素番号は「1」(=2－1) になるよ。だからエラーになってしまうんだ。

キーワードnewを使用し、データ型と要素数を指定すると配列の実体が作成されます。この配列の領域を超えた要素番号を誤って指定すると、プログラムの実行時にチェックが行われ、実行時にエラーとなります。

実行時のエラーは、コンパイル時には検出されないから注意が必要だよ。プログラムを実行したときに初めてエラーだとわかるよ。

配列使用時の注意点をまとめておきます。

- **配列の領域を確保する場合は、キーワードnewを使用する。**
- **配列の要素番号は、0から始まる。**
- **配列の要素番号のチェックは、コンパイル時ではなく実行時に行われる。**

Reference

配列の要素数の獲得

「(配列を参照する変数名).length」と指定することで、配列の要素数を取得できます。

プログラム：Example3_4_2_r1.java

```
01 class Example3_4_2_r1 {
02     public static void main(String[] args) {
03         int[] test = new int[3];
04         System.out.println("配列の要素数: " + test.length);
05     }
06 }
```

実行結果　※プログラムをコンパイルした後に実行してください

```
C:\Users\FOM出版\Documents\FPT2311\03>javac Example3_4_2_r1.java

C:\Users\FOM出版\Documents\FPT2311\03>java Example3_4_2_r1
配列の要素数: 3

C:\Users\FOM出版\Documents\FPT2311\03>
```

配列の要素数を取得できる

Reference

キーワードnewを使わないで配列を作成して値を代入する方法

キーワードnewを使わないで、「{ }(波括弧)」を使うことで、配列の作成と、変数への値の代入を同時に実行できます。

プログラム：Example3_4_2_r2.java

```
01 class Example3_4_2_r2 {
02     public static void main(String[] args) {
03         int[] score = {80, 100, 60};
04         System.out.println("英語 : " + score[0]);
05         System.out.println("数学 : " + score[1]);
06         System.out.println("物理 : " + score[2]);
07     }
08 }
```

実行結果　※プログラムをコンパイルした後に実行してください

```
C:\Users\FOM出版\Documents\FPT2311\03>javac Example3_4_2_r2.java

C:\Users\FOM出版\Documents\FPT2311\03>java Example3_4_2_r2
英語 : 80
数学 : 100
物理 : 60

C:\Users\FOM出版\Documents\FPT2311\03>
```

実習問題

次の実行結果例となるようなプログラムを作成してください。

実行結果例　※プログラムをコンパイルした後に実行してください

```
C:\Users\FOM出版\Documents\FPT2311\03>javac Example3_4_2_p1.java

C:\Users\FOM出版\Documents\FPT2311\03>java Example3_4_2_p1
1番目の要素 : one
2番目の要素 : two
3番目の要素 : three

C:\Users\FOM出版\Documents\FPT2311\03>
```

- **概要　　　　：文字列「one」「two」「three」を要素に持つ配列を作成し、見出しを付けて表示する。**
- **実習ファイル：Example3_4_2_p1.java**
- **処理の流れ**
  - **要素数3のString型の配列を作成する。**
  - **配列の各要素に、文字列「one」「two」「three」を代入する。**
  - **配列の各要素を「1番目の要素：」「2番目の要素：」「3番目の要素：」と見出しを付けて表示する。**

String型の配列をどう作るか考えてみよう。int型の配列はint[]で宣言したよ。
各要素の表示は、System.out.println()を使うといいよ。

プログラム：Example3_4_2_p1.java

```
01 // クラスの定義
02 class Example3_4_2_p1 {
03     // mainメソッドの定義
04     public static void main(String[] args) {
05         // 要素数3のint型の配列を作成し、その配列を参照するための配列を宣言して代入
06         String[] str = new String[3];
07         // 配列の各要素に値を代入
08         str[0] = "one";
09         str[1] = "two";
10         str[2] = "three";
11 
12         // 配列の各要素を表示
```

```
13          System.out.println("1番目の要素 : " + str[0]);
14          System.out.println("2番目の要素 : " + str[1]);
15          System.out.println("3番目の要素 : " + str[2]);
16      }
17  }
```

解説

01	コメントとして「クラスの定義」を記述する。
02	Example3_4_2_p1クラスの定義を開始する。
03	コメントとして「mainメソッドの定義」を記述する。
04	mainメソッドの定義を開始する。
05	コメントとして「要素数3のString型の配列を作成し、その配列を参照するための配列を宣言して代入」を記述する。
06	要素数3のString型の配列を作成し、その配列を参照するための配列strを宣言して代入する。
07	コメントとして「配列の各要素に値を代入」を記述する。
08	配列strの1番目の要素に文字列「one」を代入する。
09	配列strの2番目の要素に文字列「two」を代入する。
10	配列strの3番目の要素に文字列「three」を代入する。
11	
12	コメントとして「配列の各要素を表示」を記述する。
13	文字列「1番目の値 : 」と配列str[0]の値を連結して表示する。
14	文字列「2番目の値 : 」と配列str[1]の値を連結して表示する。
15	文字列「3番目の値 : 」と配列str[2]の値を連結して表示する。
16	mainメソッドの定義を終了する。
17	Example3_4_2_p1クラスの定義を終了する。

6行目では、要素数3のString型の配列を作成して、配列を参照するための配列（配列変数）strを宣言して代入しています。int型の配列変数はint[]で宣言しましたが、String型の配列変数はString[]で宣言します。また、int型の配列は「new int[要素数]」で作成しましたが、String型の配列は「new String[要素数]」で作成します。

同じようにデータ型が変わったときは、配列の宣言と作成に指定するデータ型を変更します。

また、数値を格納する配列では、配列を作成したときに各要素に0が入っていました。文字列を格納する配列では、配列を作成したときに、各要素にnull（値がないことを表す特殊な値）が入っています。このように、String型のような参照型の配列では、配列を作成しときに、各要素にnullが初期値として格納されます。

配列strの値は、プログラムを実行する過程で、次のように変化していきます。

6行目を実行した直後の状態　※nullが格納される

要素番号0	要素番号1	要素番号2
null	null	null

8行目を実行した直後の状態　※要素番号0の値を更新

要素番号0	要素番号1	要素番号2
"one"	null	null

9行目を実行した直後の状態　※要素番号1の値を更新

要素番号0	要素番号1	要素番号2
"one"	"two"	null

10行目を実行した直後の状態　※要素番号2の値を更新

要素番号0	要素番号1	要素番号2
"one"	"two"	"three"

13～15行目では、配列strの各要素を、要素番号0の値「"one"」をstr[0]と指定して表示し、要素番号1の値「"two"」をstr[1]と指定して表示し、要素番号2の値「"tree"」をstr[2]と指定して表示しています。なお、配列strは参照型ですので、次のように配列の実体を参照した状態になっています。

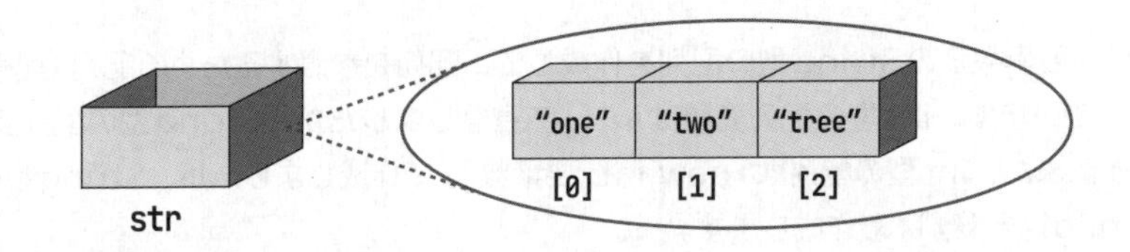

String型の配列を作成するところが難しかったと思うよ。どんなデータ型で配列を作るか意識して、配列を宣言するようにしよう。

3-5 コマンドライン引数

作成したプログラムは、コマンドライン引数を使うことで、指定した値に応じて実行させることができます。

3-5-1 コマンドライン引数とは

Javaアプリケーションを実行するタイミングで、指定した値をプログラムに渡すことができます。このプログラムに渡す値のことを**コマンドライン引数**といいます。コマンドライン引数は1つ指定することはもちろんですが、スペースを空けて複数の値を指定することもできます。コマンドライン引数に指定した値は、mainメソッドの引数として、文字列型（String型）の配列に格納されます。

コマンドライン引数の利用

javaコマンドでJavaアプリケーションを実行するときに、クラス名のあとにスペース区切りで文字列を書くことで、コマンドライン引数を指定できます。複数指定したいときは「（半角スペース）」で区切ります。

構文 java ［実行するクラスファイル］ 引数1 引数2 …

例： 文字列「富士」と文字列「30」をコマンドライン引数として指定して、クラスArgumentを実行する。

```
C:\Users\FOM出版\Documents\FPT2311\03> java Argument 富士 30
```

コマンドライン引数は、mainメソッドの引数として文字列型の配列で受け取ります。上で指定したコマンドライン引数を受け取るプログラムを次に示します。クラスArgumentを定義して、文字列「富士」をコマンドライン引数の1番目として、文字列「30」をコマンドライン引数の2番目として、配列の変数argsで受け取ります。

例： 変数nameにコマンドライン引数の1番目で受け取った値を代入し、変数ageにコマンドライン引数の2番目で受け取った値を代入する。

```
class Argument {
    public static void main(String[] args) {
        String name = args[0];  // コマンドライン引数の1番目に指定した文字列を受け取る
        String age = args[1];   // コマンドライン引数の2番目に指定した文字列を受け取る
    }
}
```

3-5-2 コマンドライン引数の入力方法

コマンドライン引数は、すべて文字列として扱われます。それぞれの引数は半角スペースで区切ります。次の例は、コマンドライン引数の１番目として文字列「富士太郎」を指定し、コマンドライン引数の２番目として文字列「30」を指定しています。

```
C:\Users\FOM出版\Documents\FPT2311\03 > java Argument 富士太郎 30
```

コマンドライン引数の1番目として、文字列「富士太郎」を指定

コマンドライン引数の2番目として、文字列「30」を指定

もし、コマンドライン引数として指定する文字列の途中に、ブランク（半角スペースなど）を含めたいときは、指定する引数の前後を「"（ダブルクォーテーション）」で囲みます。

次の例は、コマンドライン引数の１番目として文字列「富士 太郎」を、コマンドライン引数の２番目として文字列「30」を指定しています。なお、コマンドライン引数の１番目の文字列「富士 太郎」は、「富士」と「太郎」の間に半角スペースが入っています。文字列「富士 太郎」の前後を「"」で囲むことによって、引数の１番目として指定できます。もし、文字列「富士 太郎」の前後を「"」で囲まなかったら、文字列「富士」がコマンドライン引数の１番目、文字列「太郎」がコマンドライン引数の２番目になってしまいます（文字列「30」はコマンドライン引数の３番目になってしまいます）。

```
C:\Users\FOM出版\Documents\FPT2311\03 > java Argument "富士 太郎" 30
```

コマンドライン引数の1番目として、文字列「富士 太郎」を指定

コマンドライン引数の2番目として、文字列「30」を指定

コマンドライン引数は String型として扱われるため、数値として演算に使用する場合、データ型の変換が必要です（データ型についてはP.65を参照してください）。

受け取ったコマンドライン引数を、適切なデータ型に変換するにはメソッドを利用します。次の各種メソッドは、それぞれ文字列から数値のデータ型に変換するものです。

文字列を数値に変換するメソッド

変換するデータ型	メソッドの使い方	説明
int型に変換	int i = Integer.parseInt("123");	文字列「123」をint型の数値「123」に変換して変数iに代入
long型に変換	long l = Long.parseLong("123");	文字列「123」をlong型の数値「123」に変換して変数lに代入
float型に変換	float f = Float.parseFloat("123.45");	文字列「123.45」をfloat型の数値「123.45」に変換して変数fに代入
double型に変換	double d = Double.parseDouble("123.45");	文字列「123.45」をdouble型の数値「123.45」に変換して変数dに代入

数字が文字列というのはピンとこないかもしれないね。でも数字も文字の一種だよ。間違いやすいところなので注意してね。

実践してみよう

コマンドライン引数を指定して、プログラムが受け取ったコマンドライン引数を表示してみましょう。

構文の使用例

プログラム：Example3_5_2.java

```
01 // クラスの定義
02 class Example3_5_2 {
03     // mainメソッドの定義
04     public static void main(String[] args) {
05         // コマンドライン引数の数を表示
06         System.out.println("コマンドライン引数の数 : " + args.length);
07 
08         // コマンドライン引数を受け取り、変数に代入
09         String name = args[0];
10         int age = Integer.parseInt(args[1]);
11 
12         int age_5nengo = age + 5;  // 5年後の年齢を計算
13 
14         // 受け取ったコマンドライン引数の値を表示
15         System.out.println("名前        : " + name);
16         System.out.println("年齢(現在)  : " + age);
17         System.out.println("年齢(5年後) : " + age_5nengo);
18     }
19 }
```

解説

01 コメントとして「クラスの定義」を記述する。
02 Example3_5_2クラスの定義を開始する。
03 　コメントとして「mainメソッドの定義」を記述する。
04 　mainメソッドの定義を開始する(コマンドライン引数で受け取るString型の配列を参照する配列argsを宣言)。
05 　　コメントとして「コマンドライン引数の数を表示」を記述する。

06	文字列「コマンドライン引数の数 ：」と変数argsが参照する配列の要素数の値を連結して表示する。
07	
08	コメントとして「コマンドライン引数を受け取り、変数に代入」を記述する。
09	String型の変数nameを宣言して、配列argsに格納されている1番目（要素番号0）の値を代入する。
10	int型の変数ageを宣言して、配列argsに格納されている2番目（要素番号1）の値をint型に変換した結果を代入する。
11	
12	int型の変数age_5nengoを宣言して、配列ageの値に5を加算する。コメントとして「5年後の年齢を計算」を記述する。
13	
14	コメントとして「受け取ったコマンドライン引数の値を表示」を記述する。
15	文字列「名前　　　　：」と変数nameの値を連結して表示する。
16	文字列「年齢(現在)　：」と変数ageの値を連結して表示する。
17	文字列「年齢(5年後)：」と変数age_5nengoの値を連結して表示する。
18	mainメソッドの定義を終了する。
19	Example3_5_2クラスの定義を終了する。

実行結果　※プログラムをコンパイルした後に実行してください

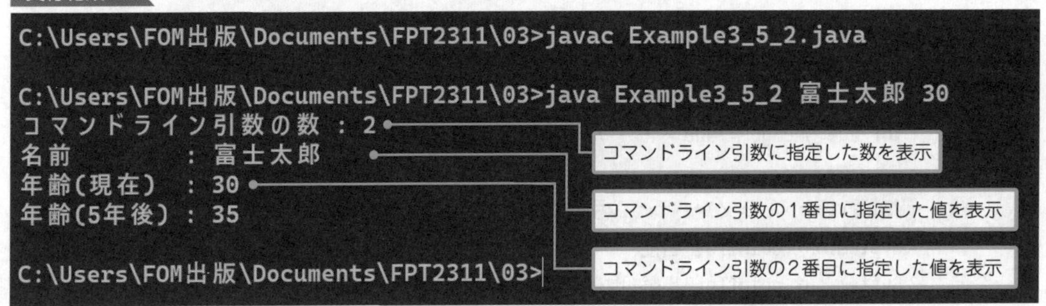

コマンドライン引数は、String型の配列で受け取ります。

４行目では、「public static void main(String[] args)」として、mainメソッドの引数として「String[] args」を指定しています。このString型の配列の変数argsによって、Javaアプリケーションを実行したときのコマンドライン引数で、指定した値を受け取ることができます。

６行目では「args.length」と指定することで、配列の変数argsの要素数を得ています。コマンドライン引数で受け取った値は、String型の配列の変数argsに格納されています。そのため、この要素数を得ることで、コマンドライン引数に指定した数がわかります。

プログラムが完成したらjavaコマンドを使い「java Example3_5_2 富士太郎 30」を実行します。コマンドライン引数は「富士太郎」「30」の２つの文字列です。これらは、mainメソッドの引数「args」の要素番号０、要素番号１に格納されます。２つの要素が格納されたので、要素数は２になります。

要素番号0	要素番号1
"富士太郎"	"30"

これらの値はすべて文字列なので注意が必要です。

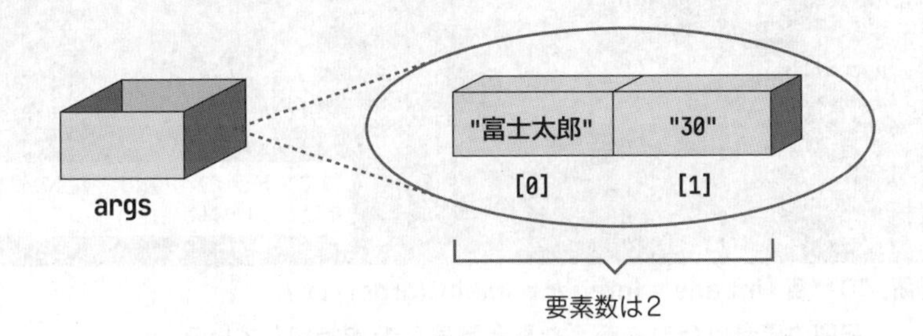

コマンドライン引数の数を確かめて処理を分岐させる場合には、この値をもとに判定を行います。

次の第4章で解説するif文などを使い、正しい数のコマンドライン引数が指定されているか確かめてから処理を行うこともできます。

コマンドライン引数に、必要な数のデータが入っているのかを事前に確認することは、よく行うよ。

9行目では、変数nameをString型の変数として宣言して、コマンドライン引数で指定した1番目の要素（要素番号0）をそのまま代入しています。コマンドライン引数で受け取った値が文字列でありString型なので、String型の変数nameには受け取った値をそのまま代入することができます。

一方、10行目では、変数ageをint型の変数として宣言しています。int型の変数に値を代入する際に、コマンドライン引数で指定した2番目の要素（要素番号1）をそのまま代入すると、String型の値を代入することになりエラーになります。そのため、Integer.parseInt()メソッドを利用して、コマンドライン引数で受け取ったString型のデータを、int型のデータに変換してから代入します。

なお、int型に変換して格納した変数ageの値は、12行目で「+」演算子（P.93参照）を指定して「age+5」を実行し、5を足しています。もし、String型のままですと、この計算はできません。

このように、コマンドライン引数はString型で受け取ります。そのためint型やfloat型など、String型以外のデータ型で処理したい場合は、対応したメソッドでデータ型を変換する必要があります。

15～17行目の文字列の表示のところは、これまでのプログラムと同じです。文字列と変数の値を連結して表示しています。

よく起きるエラー

配列の要素数を超えた要素番号を指定すると、実行時にエラーとなります。

実行結果　※実行時にエラー

```
C:\Users\FOM出版\Documents\FPT2311\03>javac Example3_5_2_e1.java

C:\Users\FOM出版\Documents\FPT2311\03>java Example3_5_2_e1 富士太郎
コマンドライン引数の数: 1
Exception in thread "main" java.lang.ArrayIndexOutOfBoundsException: Index 1 out of bounds for length 1
        at Example3_5_2_e1.main(Example3_5_2_e1.java:10)

C:\Users\FOM出版\Documents\FPT2311\03>
```

コマンドライン引数の2番目の値を指定していない

- **エラーの発生場所：10行目「int age = Integer.parseInt(args[1]);」**
- **エラーの意味　　：配列の要素数(=1)を超えた要素番号(=1)を指定している。**

プログラム：Example3_5_2_e1.java

```
01 // クラスの定義
02 class Example3_5_2_e1 {
03     // mainメソッドの定義
04     public static void main(String[] args) {
05         // コマンドライン引数の数を表示
06         System.out.println("コマンドライン引数の数: " + args.length);
07 
08         // コマンドライン引数を受け取り、変数に代入
09         String name = args[0];
10         age = Integer.parseInt(args[1]);
11 
12         int age_5nengo = age + 5; // 5年後の年齢を計算
13 
14         // 受け取ったコマンドライン引数の値を表示
15         System.out.println("名前         : " + name);
16         System.out.println("年齢(現在)   : " + age);
17         System.out.println("年齢(5年後)  : " + age_5nengo);
18     }
19 }
```

10行目：実行時に、コマンドライン引数の2番目の値を指定していないので、args[1]にはアクセス不可

- **対処方法：実行時に、コマンドライン引数の2番目の値を指定する。**

第4章

Java言語の基本文法を学ぶ

4-1 演算子

演算子とは、コンピュータに対して演算を行わせるための記号です。演算子を使って、四則演算（加減乗除）、値の代入、比較判定、論理演算などを行います。

4-1-1 演算子とは

演算子には、算術演算子や代入演算子、インクリメント演算子などがあります。様々な種類の演算子が提供されており、用途によって次のように分類されます。

主な演算子の種類

演算子	説明
算術演算子	加減乗除などの四則演算を行う演算子
代入演算子	値を代入する演算子
複合代入演算子	算術演算子と代入演算子を複合させた演算子
インクリメント演算子	変数の値に1加算する演算子
デクリメント演算子	変数の値から1減算する演算子
関係演算子	2つの数値の等価や大小を判定する演算子
論理演算子	AND、OR、NOTなど論理演算を行う演算子

演算子は数が多いから、いきなり全部覚えようとせず、出てきたものから順に把握していくといいよ。

4-1-2 算術演算子

算術演算子は、数値の四則演算（加減乗除）などの計算を行うための演算子です。また、「+（プラス）」は、文字列と一緒に利用したときには、文字列を連結する演算子になります。

算術演算子

演算子	意味	例
+	加算	a + b
-	減算	a - b
*	乗算	a * b
/	除算	a / b
%	剰余算	a % b

演算子には優先順位があり、優先度の高い演算子から処理が行われます。＋演算子と - 演算子は同じ優先順位ですが、＋演算子と * 演算子は優先順位が異なります。＋演算子と * 演算子を比較した場合、* 演算子の方が優先順位が高くなっています。

優先順位の低い演算子や、式の右側から演算を行いたい場合は、カッコを使って演算の順番を変更させます。また、カッコの中にカッコを入れることも可能です。この場合は１番内側のカッコから演算を行います。

```
 ②   ①
1 + 2 * 3        → 2 * 3 = 6 ①、1 + 6 = 7 ②

  ①     ②
(1 + 2) * 3      → (1 + 2) = 3 ①、3 * 3 = 9 ②

 ②    ①      ③
(1 + (2 + 3)) * 4 → (2 + 3) = 5 ①、1 + 5 = 6 ②、6 * 4 = 24 ③
```

複数の演算子を使うときは、必要に応じてカッコを使って演算の順番を変える必要があるんだね。

文字列の連結

＋演算子を文字列と一緒に利用したときには、文字列を連結する演算子になります。

まずは基本的なものとして、変数に格納されている文字列「富士」と、文字列「太郎」を連結した場合の例を示します。

プログラム：文字列と文字列の連結

```
01 String str1 = "富士"
02 String str2 = str1 + "太郎";    // str2に文字列「富士太郎」が代入
```

次に、変数に格納されている文字列「富士」と、数値「30」を連結した場合の例を示します。この場合、数値は文字列として連結されます。

プログラム：文字列と数値の連結

```
01 String str1 = "富士"
02 String str2 = str1 + 30;      // str2に文字列「富士30」が代入
```

この場合、数値は文字列として連結されるよ

文字列と数値の連結の場合、気を付けないといけないことがあります。+演算子は、「左→右」の結合性を持っています。そのため、次のプログラムの変数str2に代入される文字列は「富士3010」になります。「30 + 10」がありますが、「富士40」にはなりません。初心者は、よく数字同士で足そうとしてしまいます。

プログラム：注意すべきケース

```
01 String str1 = "富士";
02 String str2 = str1 + 30 + 10;     // str2に文字列「富士3010」が代入
```

どうしてこうなるのかは、結合性に従ってグループ化するとわかります。2行目は次のような動きをします。

```
str1 + 30 + 10 ➡ ((str1 + 30) + 10)
```

「str1 + 30」は、文字列「富士」と数値「30」を連結して、文字列「富士30」になります。次に「"富士30" + 10」は、文字列「富士30」と数値「10」を連結して、文字列「富士3010」になります。

```
str1 + 30 + 10 ➡ ("富士" + 30) + 10 ➡ "富士30" + 10 ➡ "富士3010"
```

もし、上のプログラムの2行目が「String str2 = 30 + 10 + str1;」になっていた場合のケースで考えます。その場合、2行目は次のような動きをします。

「30 + 10」は、数値の加算で「40」になります。次の「40 + "富士"」は、数値「40」と文字列「富士」を連結して、文字列「40富士」になります。

```
30 + 10 + str1 ➡ (30 + 10) + "富士" ➡ 40 + "富士" ➡ "40富士"
```

＋演算子は、数値の加算と、文字列の連結の２種類の意味があるから混乱しやすいよ。気を付けてね。

実践してみよう

様々な算術演算子を使って式を作り、その結果を表示するプログラムを実行してみましょう。

構文の使用例

プログラム：Example4_1_2.java

```
01 class Example4_1_2 {
02     public static void main(String[] args) {
03         int num1 = 20 + 10;
04         int num2 = 20 - 10;
05         int num3 = 20 * 10;
06 
07         int num4 = 32 / 10;
08         int num5 = 32 % 10;
09         float num6 = 32 / 10;
10 
11         int num7 = 1 + 2 * 3;
12         int num8 = (1 + 2) * 3;
13 
14         System.out.println("num1(20 + 10)  : " + num1);
15         System.out.println("num2(20 - 10)  : " + num2);
16         System.out.println("num3(20 * 10)  : " + num3);
17         System.out.println("num4(32 / 10)  : " + num4);
18         System.out.println("num5(32 % 10)  : " + num5);
19         System.out.println("num6(32 / 10)  : " + num6);
20         System.out.println("num7(1 + 2 * 3)    : " + num7);
21         System.out.println("num8((1 + 2) * 3) : " + num8);
22     }
23 }
```

解説

01 Example4_1_2クラスの定義を開始する。
02 　　mainメソッドの定義を開始する
03 　　　　int型の変数num1を宣言して、数値「20」に数値「10」を足した結果を代入する。

04	int型の変数num2を宣言して、数値「20」に数値「10」を引いた結果を代入する。
05	int型の変数num3を宣言して、数値「20」に数値「10」を掛けた結果を代入する。
06	
07	int型の変数num4を宣言して、数値「32」を数値「10」を割った結果を代入する。
08	int型の変数num5を宣言して、数値「32」を数値「10」で割った余りを代入する。
09	float型の変数num6を宣言して、数値「32」を数値「10」を割った結果を代入する。
10	
11	int型の変数num7を宣言して、数値「2」に数値「3」を掛け、その結果と数値「1」を足した結果を代入する。
12	int型の変数num8を宣言して、数値「1」に数値「2」を足して、その結果と数値「3」を掛けた結果を代入する。
13	
14	文字列「num1(20 + 10) : 」と変数num1の値を連結して表示する。
15	文字列「num2(20 - 10) : 」と変数num2の値を連結して表示する。
16	文字列「num3(20 * 10) : 」と変数num3の値を連結して表示する。
17	文字列「num4(32 / 10) : 」と変数num4の値を連結して表示する。
18	文字列「num5(32 % 10) : 」と変数num5の値を連結して表示する。
19	文字列「num6(32 / 10) : 」と変数num6の値を連結して表示する。
20	文字列「num7(1 + 2 * 3)　 : 」と変数num7の値を連結して表示する。
21	文字列「num8((1 + 2) * 3) : 」と変数num8の値を連結して表示する。
22	mainメソッドの定義を終了する。
23	Example4_1_2クラスの定義を終了する。

実行結果　※プログラムをコンパイルした後に実行してください

```
C:\Users\FOM出版\Documents\FPT2311\04>javac Example4_1_2.java

C:\Users\FOM出版\Documents\FPT2311\04>java Example4_1_2
num1(20 + 10) : 30
num2(20 - 10) : 10
num3(20 * 10) : 200
num4(32 / 10) : 3
num5(32 % 10) : 2
num6(32 / 10) : 3.0
num7(1 + 2 * 3)   : 7
num8((1 + 2) * 3) : 9

C:\Users\FOM出版\Documents\FPT2311\04>
```

よく起きるエラー

割り算をする際に、0で割った場合は、実行時にエラーとなります。

実行結果　※実行時にエラー

```
C:\Users\FOM出版\Documents\FPT2311\04>javac Example4_1_2_e1.java

C:\Users\FOM出版\Documents\FPT2311\04>java Example4_1_2_e1
Exception in thread "main" java.lang.ArithmeticException: / by zero
        at Example4_1_2_e1.main(Example4_1_2_e1.java:7)

C:\Users\FOM出版\Documents\FPT2311\04>
```

- **エラーの発生場所：7行目「int num4 = 32 / 0;」**
- **エラーの意味　　：0によって割り算をすることはできない。**

プログラム：Example4_1_2_e1.java

```
01 class Example4_1_2_e1 {
02     public static void main(String[] args) {
03         int num1 = 20 + 10;
04         int num2 = 20 - 10;
05         int num3 = 20 * 10;
06 
07         int num4 = 32 / 0;  ←――― 0で割り算をしている
08         int num5 = 32 % 10;
09         float num6 = 32 / 10;
 ⋮                ⋮
```

- **対処方法：7行目の「0」を「10」に修正する。**

4-1-3 代入演算子と複合代入演算子

代入演算子は、右辺の式や変数の値を左辺に代入する演算子です。すでに出てきた「=」になります。

また、代入演算子には単に代入するだけでなく、加減乗除を行った後で代入する**複合代入演算子**もあります。

複合代入演算子は、「=」と算術演算子を組み合わせた演算子です。演算と代入を同時に行えるため、変数を使って四則演算を行うときに、短いコードで式を書けます。

代入演算子と複合代入演算子

演算子	例	例の意味
=	a = b	代入。変数bの値を、変数aに代入する。
+=	a += b	加算代入。変数aの値に変数bの値を足した結果を、変数aに代入する。
-=	a -= b	減算代入。変数aの値から変数bの値を引いた結果を、変数aに代入する
*=	a *= b	乗算代入。変数aの値に変数bの値を掛けた結果を、変数aに代入する。
/=	a /= b	除算代入。変数aの値を変数bの値で割った結果を、変数aに代入する。
%=	a %= b	剰余算代入。変数aの値を変数bの値で割った余りを、変数aに代入する。

複号代入演算子は、計算結果を変数に代入する処理を、短く記述するためのものです。複号代入演算子を使う例と、使わない例について、次に一覧で示します。

複号代入演算子を使う例	複号代入演算子を使わない例
a += b;	a = a + b;
a -= b;	a = a - b;
a *= b;	a = a * b;
a /= b;	a = a / b;
a %= b;	a = a % b;

実践してみよう

様々な複合代入演算子を使って式を作り、その結果を表示するプログラムを実行してみましょう。

構文の使用例

プログラム：Example4_1_3.java

```
01 class Example4_1_3 {
02     public static void main(String[] args) {
03         int num1 = 20;
04         System.out.println("num1       : " + num1);
05         num1 += 10;
06         System.out.println("num1 += 10 : " + num1);
```

```
07          num1 -= 10;
08          System.out.println("num1 -= 10 : " + num1);
09          num1 *= 10;
10          System.out.println("num1 *= 10 : " + num1);
11
12          int num2 = 32;
13          System.out.println("num2       : " + num2);
14          num2 /= 10;
15          System.out.println("num2 /= 10 : " + num2);
16
17          int num3 = 32;
18          System.out.println("num3       : " + num3);
19          num3 %= 10;
20          System.out.println("num3 %= 10 : " + num3);
21      }
22  }
```

解説

```
01 Example4_1_3クラスの定義を開始する。
02     mainメソッドの定義を開始する
03         int型の変数num1を宣言して、数値「20」を代入する。
04         文字列「num1       : 」と変数num1の値を連結して表示する。
05         変数num1の値に数値「10」を足した結果を、変数num1に代入する。
06         文字列「num1 += 10 : 」と変数num1の値を連結して表示する。
07         変数num1の値から数値「10」を引いた結果を、変数num1に代入する。
08         文字列「num1 -= 10 : 」と変数num1の値を連結して表示する。
09         変数num1の値に数値「10」を掛けた結果を、変数num1に代入する。
10         文字列「num1 *= 10 : 」と変数num1の値を連結して表示する。
11
12         int型の変数num2を宣言して、数値「32」を代入する。
13         文字列「num2       : 」と変数num2の値を連結して表示する。
14         変数num2の値を数値「10」で割った結果を、変数num2に代入する。
15         文字列「num2 /= 10 : 」と変数num2の値を連結して表示する。
16
17         int型の変数num3を宣言して、数値「32」を代入する。
18         文字列「num3       : 」と変数num3の値を連結して表示する。
19         変数num3の値を数値「10」で割った余りを、変数num3に代入する。
20         文字列「num2 %= 10 : 」と変数num3の値を連結して表示する。
21     mainメソッドの定義を終了する。
22 Example4_1_3クラスの定義を終了する。
```

実行結果　※プログラムをコンパイルした後に実行してください

```
C:\Users\FOM出版\Documents\FPT2311\04>javac Example4_1_3.java

C:\Users\FOM出版\Documents\FPT2311\04>java Example4_1_3
num1         : 20
num1 += 10) : 30
num1 -= 10) : 20
num1 *= 10) : 200
num2         : 32
num2 /= 10) : 3
num3         : 32
num3 %= 10) : 2

C:\Users\FOM出版\Documents\FPT2311\04>
```

5行目の「num1 += 10;」は、次のようにコードを実行して、変数num1の値は「30」になります。

```
num1 += 10;  ➡  num1 = num1 + 10;  ➡  num1 = 20 + 10;  ➡  num1 = 30;
```

7行目の「num1 −= 10;」は、次のようにコードを実行して、変数num1の値は「20」になります。

```
num1 -= 10;  ➡  num1 = num1 - 10;  ➡  num1 = 30 - 10;  ➡  num1 = 20;
```

9行目の「num1 ＊= 10;」は、次のようにコードを実行して、変数num1の値は「200」になります。

```
num1 *= 10;  ➡  num1 = num1 * 10;  ➡  num1 = 20 * 10;  ➡  num1 = 200;
```

14行目の「num2 /= 10;」は、次のようにコードを実行して、変数num2の値は「3」になります。「32 割る 10」は「3.2」になりますが、変数num2のデータ型がint型（整数型）で宣言されているため、小数点以下が切り捨てられて結果は「3」になります。

```
num2 /= 10;  ➡  num2 = num2 / 10;  ➡  num2 = 32 / 10;  ➡  num2 = 3;
```

19行目の「num3 %= 10;」は、次のようにコードを実行して、変数num3の値は「2」になります。「32 割る 10 の余り」なので「2」になります。

```
num3 %= 10;  ➡  num3 = num3 % 10;  ➡  num3 = 32 % 10;  ➡  num3 = 2;
```

よく起きるエラー

記号の順番を間違えると、コンパイル時にエラーとなります。

実行結果　※コンパイル時にエラー

```
C:\Users\FOM出版\Documents\FPT2311\04>javac Example4_1_3_e1.java
Example4_1_3_e1.java:9: エラー: 式の開始が不正です
        num1 =* 10;
              ^
エラー1個

C:\Users\FOM出版\Documents\FPT2311\04>
```

- **エラーの発生場所：9行目「num1 =* 10;」**
- **エラーの意味　　：演算子「*」の左に変数や値がない。**

プログラム：Example4_1_3_e1.java

```
01 class Example4_1_3_e1 {
02     public static void main(String[] args) {
03         int num1 = 20;
04         System.out.println("num1          : " + num1);
05         num1 += 10;
06         System.out.println("num1 += 10) : " + num1);
07         num1 -= 10;
08         System.out.println("num1 -= 10) : " + num1);
09         num1 =* 10; ←── 「*」と「=」の順番が逆になっている
10         System.out.println("num1 *= 10) : " + num1);
 ⋮                ⋮
22 }
```

- **対処方法：9行目の「=*」を「*=」に修正する。**

演算子の順番が逆になるのは、よくある間違いだから注意してね。

4　Java言語の基本文法を学ぶ

Reference

「+=」を「=+」とタイプミスした場合

「=+」はエラーにはなりませんが、「=」と「+」演算子の別々の記号として判断され、値の代入処理のみが行われます。
次の例は、5～6行目で20 + 10=30と計算させた結果を表示するつもりでしたが、「=+」と順番を逆に記述したため、10と表示されています。つまり、5行目で「num1 = 10」の処理が実行され、変数num1に数値「10」の代入のみが行われます。

プログラム：Example4_1_3_r1.java

```
01 class Example4_1_3_r1 {
02     public static void main(String[] args) {
03         int num1 = 20;
04         System.out.println("num1       : " + num1);
05         num1 =+ 10; ←――― 「+=」演算子を誤って「=+」と記述している
06         System.out.println("num1 += 10 : " + num1);
07     }
08 }
```

実行結果　※プログラムをコンパイルした後に実行してください

```
C:\Users\FOM出版\Documents\FPT2311\04>javac Example4_1_3_r1.java

C:\Users\FOM出版\Documents\FPT2311\04>java Example4_1_3_r1
num1       : 20
num1 += 10 : 10 ――― 変数num1に数値「10」が代入され、「10」と表示される

C:\Users\FOM出版\Documents\FPT2311\04>
```

インクリメント演算子とデクリメント演算子

インクリメント演算子「++」は、変数の値に１加算する演算子です。**デクリメント演算子「--」**は、変数の値から１減算する演算子です。
次のプログラムの「i++」は、変数iの値を１加算します。

プログラム：インクリメント演算子

```
int i = 0;
i++;    // i = i + 1; と同じ。0 + 1で「1」になる。
```

「i++」の処理を分解して記述すると、次のようになります。変数iの値「0」に1を足して、変数iに代入しています。

```
i++; ➡ i = i + 1; ➡ i = 0 + 1; ➡ i = 1;
```

次のプログラムの「j--」は、変数jの値を1減算します。

プログラム：デクリメント演算子

```
int j = 3;
j--;     // j = j - 1; と同じ。3 - 1で「2」になる。
```

「j－－」の処理を分解して記述すると、次のようになります。変数jの値「3」から1を引いて、変数jに代入しています。

```
j--; ➡ j = j - 1; ➡ j = 3 - 1; ➡ j = 2;
```

インクリメント演算子、デクリメント演算子は、for文などの繰り返し処理で多く利用するよ。for文については、P.138以降でくわしく説明するよ

前置型と後置型

インクリメント演算子、デクリメント演算子のそれぞれには、前置型と後置型の2種類があります。変数の前に演算子がある形式を**前置型**、変数の後ろに演算子がある形式を**後置型**といいます。

インクリメント演算子とデクリメント演算子

演算子の種類	例
前置型のインクリメント	++n
後置型のインクリメント	n++
前置型のデクリメント	--n
後置型のデクリメント	n--

※nは整数型（int型）の変数として宣言

前置型と後置型の違い

前置型、後置型の演算子は、単独で利用する場合、動作は同じです。しかし、代入演算子を伴う場合や、配列の要素番号として使用する場合、条件判定で使用する場合などでは動作が異なるので注意が必要です。

前置型と後置型の演算子は、代入演算子を伴う場合で比較すると、次のような違いがあります。

1. 前置型の演算子は、演算子が先に評価され、次に代入が行われる。
2. 後置型の演算子は、代入が先に行われ、次に演算子が評価される。

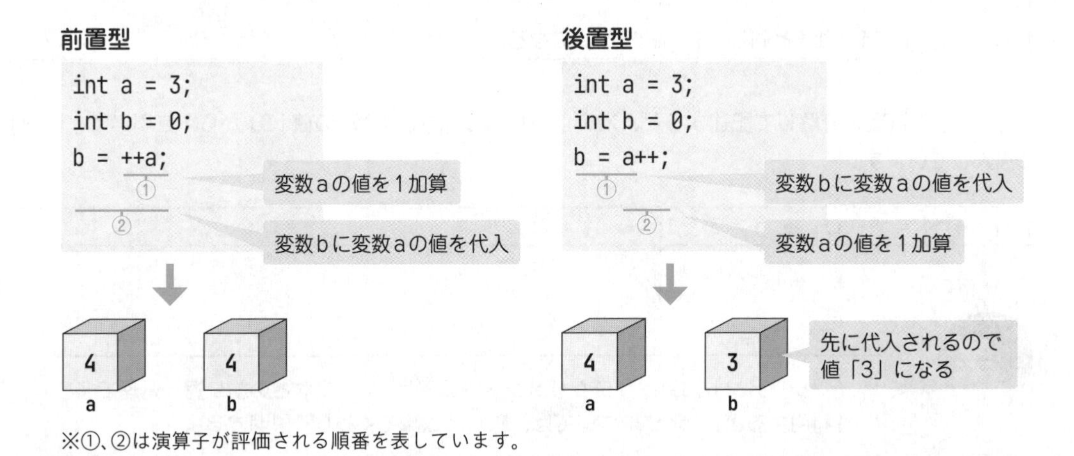

前置型の場合は1の増減を行ったあと、変数の値を代入するんだ。後置型の場合は変数の値を代入したあと、1の増減を行うんだ。前置型は増減が「前」、後置型は増減が「後」と覚えておくといいよ。

実践してみよう

配列の要素番号に、後置型のインクリメントと前置型のデクリメントを利用したプログラムで、動きを確認してみましょう。

構文の使用例

プログラム：Example4_1_4.java

```
01 class Example4_1_4 {
02     public static void main(String[] args) {
03         String[] name = {"富士", "鈴木", "田中"};
04         int i = 0;
```

```
05
06            System.out.println(name[i++]);
07            System.out.println(name[i++]);
08            System.out.println(name[i++]);
09            System.out.println();
10
11            System.out.println(name[--i]);
12            System.out.println(name[--i]);
13            System.out.println(name[--i]);
14        }
15    }
```

解説

01	Example4_1_4クラスの定義を開始する。
02	mainメソッドの定義を開始する
03	文字列「富士」「鈴木」「田中」を要素とするString型の配列を作成し、その配列を参照するための変数nameを宣言して代入する。
04	変数iを宣言して、数値「0」を代入する。
05	
06	配列namen[0]の値を表示する。そのあとに変数iの値を1加算して値「1」にする。
07	配列namen[1]の値を表示する。そのあとに変数iの値を1加算して値「2」にする。
08	配列namen[2]の値を表示する。そのあとに変数iの値を1加算して値「3」にする。
09	空行を表示する。
10	
11	変数iの値を1減算して値「2」にする。そのあとに配列namen[2]の値を表示する。
12	変数iの値を1減算して値「1」にする。そのあとに配列namen[1]の値を表示する。
13	変数iの値を1減算して値「0」にする。そのあとに配列namen[0]の値を表示する。
14	mainメソッドの定義を終了する。
15	Example4_1_4クラスの定義を終了する。

実行結果 ※プログラムをコンパイルした後に実行してください

```
C:\Users\FOM出版\Documents\FPT2311\04>javac Example4_1_4.java

C:\Users\FOM出版\Documents\FPT2311\04>java Example4_1_4
富士
鈴木
田中

田中
鈴木
富士

C:\Users\FOM出版\Documents\FPT2311\04>
```

- 富士：配列name[0]の値を表示
- 鈴木：配列name[1]の値を表示
- 田中：配列name[2]の値を表示
- 田中：配列name[2]の値を表示
- 鈴木：配列name[1]の値を表示
- 富士：配列name[0]の値を表示

前半の処理（6～8行目）では、後置型のインクリメントを行い、変数iの値を1ずつ足しています。
6行目の「name[i++]」は、変数iの値が「0」であり、次のような流れで処理を行います。

```
① System.out.println(配列nameの要素番号0に格納されている文字列「富士」を取り出して表示);
    ↓
② System.out.println(変数iの値「0」を1加算して値「1」にする);
```

7行目の「name[i++]」は、変数iの値が「1」であり、次のような流れで処理を行います。

```
① System.out.println(配列nameの要素番号1に格納されている文字列「鈴木」を取り出して表示);
    ↓
② System.out.println(変数iの値「1」を1加算して値「2」にする);
```

8行目の「name[i++]」は、変数iの値が「2」であり、次のような流れで処理を行います。

```
① System.out.println(配列nameの要素番号2に格納されている文字列「田中」を取り出して表示);
    ↓
② System.out.println(変数iの値「2」を1加算して値「3」にする);
```

後半の処理（11～13行目）では、前置型のインクリメントを行い、変数iの値を1ずつ減らしています。
11行目の「name[--i]」は、変数iの値が「3」であり、次のような流れで処理を行います。

```
① System.out.println(変数iの値「3」を1減算して値「2」にする);
    ↓
② System.out.println(配列nameの要素番号2に格納されている文字列「田中」を取り出して表示);
```

12行目の「name[--i]」は、変数iの値が「2」であり、次のような流れで処理を行います。

```
① System.out.println(変数iの値「2」を1減算して値「1」にする);
    ↓
② System.out.println(配列nameの要素番号1に格納されている文字列「鈴木」を取り出して表示);
```

13行目の「name[--i]」は、変数iの値が「1」であり、次のような流れで処理を行います。

```
① System.out.println(変数iの値「1」を1減算して値「0」にする);
    ↓
② System.out.println(配列nameの要素番号0に格納されている文字列「富士」を取り出して表示);
```

このように配列の要素番号として、前置型のインクリメントと後置型のデクリメントを使用する場合、配列の要素を取り出すタイミングが異なります。

4-1-5 関係演算子

関係演算子は、左辺と右辺を比較して、大小や等価を判定する演算子です。関係演算子を使った演算は左辺と右辺を比較して、条件を満たしている場合はtrue（真）、条件を満たしていない場合はfalse（偽）で結果を返します。次節で説明する分岐処理の条件を判定する際に使います。

関係演算子

演算子	意味	例
<	左辺は右辺より小さい	a < b
<=	左辺は右辺以下	a <= b
>	左辺は右辺より大きい	a > b
>=	左辺は右辺以上	a >= b
==	左辺と右辺は等しい	a == b
!=	左辺と右辺は等しくない	a != b

具体的な例を挙げてみましょう。例えば、「10 > 1」であれば「10は1より大きい」という意味です。「10は1より大きい」は正しいため、結果はtrue（真）になります。

10は1より大きい

10 > 1 → true

=演算子と==演算子

代入を行う=**演算子**と、等しいかを判定する==**演算子**は、書き間違いが多い演算子です。判定をしているつもりで代入を行うというのは非常によくある間違いです。この2つを混同したり、書き間違ったりしないように気を付けてください。

=演算子と==演算子

演算子	機能
=	左辺に右辺の値を代入する
==	左辺と右辺の値が等しいかを比較する

実践してみよう

関係演算子を使って式を作り、どのような結果になるのかを確認してみましょう。

構文の使用例

プログラム：Example4_1_5.java

```
01 class Example4_1_5 {
02     public static void main(String[] args) {
03         System.out.println("80 < 70  : " + (80 < 70));
04         System.out.println("80 <= 70 : " + (80 <= 70));
05         System.out.println("80 > 70  : " + (80 > 70));
06         System.out.println("80 >= 70 : " + (80 >= 70));
07         System.out.println("80 == 70 : " + (80 == 70));
08         System.out.println("80 != 70 : " + (80 != 70));
09
10         System.out.println("80 < 80  : " + (80 < 80));
11         System.out.println("80 <= 80 : " + (80 <= 80));
12         System.out.println("80 > 80  : " + (80 > 80));
13         System.out.println("80 >= 80 : " + (80 >= 80));
14         System.out.println("80 == 80 : " + (80 == 80));
15         System.out.println("80 != 80 : " + (80 != 80));
16     }
17 }
```

解説

01	Example4_1_5クラスの定義を開始する。
02	mainメソッドの定義を開始する
03	文字列「 80 < 70 : 」と数値「80」が数値「70」より小さいかの結果を連結して表示する。
04	文字列「 80 <= 70 : 」と数値「80」が数値「70」以下かの結果を連結して表示する。
05	文字列「 80 > 70 : 」と数値「80」が数値「70」より大きいかの結果を連結して表示する。
06	文字列「 80 >= 70 : 」と数値「80」が数値「70」以上かの結果を連結して表示する。
07	文字列「 80 == 70 : 」と数値「80」が数値「70」と等しいかの結果を連結して表示する。
08	文字列「 80 != 70 : 」と数値「80」が数値「70」と等しくないかの結果を連結して表示する。
09	
10	文字列「 80 < 80 : 」と数値「80」が数値「80」より小さいかの結果を連結して表示する。
11	文字列「 80 <= 80 : 」と数値「80」が数値「80」以下かの結果を連結して表示する。
12	文字列「 80 > 80 : 」と数値「80」が数値「80」より大きいかの結果を連結して表示する。
13	文字列「 80 >= 80 : 」と数値「80」が数値「80」以上かの結果を連結して表示する。

14	文字列「 80 == 80 : 」と数値「80」が数値「80」と等しいかの結果を連結して表示する。
15	文字列「 80 != 80 : 」と数値「80」が数値「80」と等しくないかの結果を連結して表示する。
16	mainメソッドの定義を終了する。
17	Example4_1_5クラスの定義を終了する。

実行結果　※プログラムをコンパイルした後に実行してください

```
C:\Users\FOM出版\Documents\FPT2311\04>javac Example4_1_5.java

C:\Users\FOM出版\Documents\FPT2311\04>java Example4_1_5
80 < 70  : false
80 <= 70 : false
80 > 70  : true
80 >= 70 : true
80 == 70 : false
80 != 70 : true
80 < 80  : false
80 <= 80 : true
80 > 80  : false
80 >= 80 : true
80 == 80 : true
80 != 80 : false

C:\Users\FOM出版\Documents\FPT2311\04>
```

3～8行目で、どのような比較を行っているか整理します。

テスト結果80と、テスト結果70の比較

比較	意味	結果
80 < 70	80は70より小さい	false
80 <= 70	80は70以下	false
80 > 70	80は70より大きい	true
80 >= 70	80は70以上	true
80 == 70	80は70と等しい	false
80 != 70	80は70と等しくない	true

10～15行目で、どのような比較を行っているか整理します。

テスト結果80と、テスト結果80の比較

比較	意味	結果
80 < 80	80は80より小さい	false
80 <= 80	80は80以下	true
80 > 80	80は80より大きい	false
80 >= 80	80は80以上	true
80 == 80	80は80と等しい	true
80 != 80	80は80と等しくない	false

関係演算子の判定結果をそれぞれ確かめるプログラムだよ。異なる値の場合と、同じ値の場合で確認しているよ。

よく起きるエラー

「==」を「=」のみにしてしまうと、コンパイル時にエラーとなります。

実行結果　※コンパイル時にエラー

```
C:\Users\FOM出版\Documents\FPT2311\04>javac Example4_1_5_e1.java
Example4_1_5_e1.java:7: エラー: 予期しない型
        System.out.println("80 == 70 : " + (80 = 70));
                                               ^
  期待値: 変数
  検出値:    値
エラー1個

C:\Users\FOM出版\Documents\FPT2311\04>
```

- **エラーの発生場所：7行目「System.out.println("80 == 70 : " + (80 = 70));」**
- **エラーの意味　　：関係演算子の指定になっていない。**

プログラム：Example4_1_5_e1.java

```
01 class Example4_1_5_e1 {
02     public static void main(String[] args) {
03         System.out.println("80 < 70  : " + (80 < 70));
04         System.out.println("80 <= 70 : " + (80 <= 70));
05         System.out.println("80 > 70  : " + (80 > 70));
06         System.out.println("80 >= 70 : " + (80 >= 70));
```

```
07        System.out.println("80 == 70 : " + (80 = 70));
08        System.out.println("80 != 70 : " + (80 != 70));
 ⋮              ⋮
```

「==」とすべきを誤って「=」と記述した

● **対処方法：7行目の「=」を「==」に修正する。**

Reference

文字列の比較

文字列の比較には==演算子は用いません。文字列の比較には、Stringクラスの**equals()メソッド**を使用します。文字列を扱うString型の変数には、文字列そのものではなく、その文字列への参照先（アドレス値）が入っています。そのため、==演算子を使って比較を行うと、参照先が同じであるかを比較してしまいます。次のプログラムでは、変数strに格納されている値と、文字列「Hello」が等しいかどうかを比較し、等しい場合に文字列「等しい」を表示します。ここでは「等しい」と表示されます。

プログラム：Example4_1_5_r1.java

```
01 class Example4_1_5_r1 {
02     public static void main(String[] args) {
03         String str = "Hello";
04         if (str.equals("Hello")) {  // 文字列の比較
05             System.out.println("等しい");
06         }
07     }
08 }
```

実行結果　※プログラムをコンパイルした後に実行してください

```
C:\Users\FOM出版\Documents\FPT2311\04>javac Example4_1_5_r1.java

C:\Users\FOM出版\Documents\FPT2311\04>java Example4_1_5_r1
等しい

C:\Users\FOM出版\Documents\FPT2311\04>
```

4-1-6 論理演算子

論理演算子は、論理積（AND）、論理和（OR）、否定（NOT）など論理演算を行うための演算子です。複数の条件式を組み合わせる場合などに利用します。演算の結果、条件を満たす場合はtrue（真）、満たさない場合はfalse（偽）になります。

論理演算子

演算子	意味	機能	例
&&	論理積	左辺と右辺の両方がtrueの場合にtrue、左辺と右辺の両方またはどちらかがfalseの場合にfalseを返す。	a && b
||	論理和	左辺と右辺の両方またはどちらかがtrueの場合にtrue、左辺と右辺の両方がfalseの場合にfalseを返す。	a || b
!	否定	右辺がtrueの場合はfalse、右辺がfalseの場合はtrueを返す。なお、!演算子では左辺は指定できない。	! a

実践してみよう

論理演算子を使って式を作り、どのような結果になるのかを確認してみましょう。

構文の使用例

プログラム：Example4_1_6.java

```
01 class Example4_1_6 {
02     public static void main(String[] args) {
03         int age = 15;
04 
05         System.out.println(age >= 7 && age <= 18);
06         System.out.println(age >= 7 && age <= 14);
07         System.out.println(age <= 18 || age >= 65);
08         System.out.println(age <= 10 || age >= 65);
09         System.out.println(!(age >= 7));
10         System.out.println(!(age <= 10));
11     }
12 }
```

解説

01 Example4_1_6クラスの定義を開始する。
02 　mainメソッドの定義を開始する
03 　　int型の変数ageを宣言して、数値「15」を代入する。
04
05 　　変数ageの値は数値「7」以上、かつ、変数ageの値は数値「18」以下かの結果を表示する。
06 　　変数ageの値は数値「7」以上、かつ、変数ageの値は数値「14」以下かの結果を表示する。
07 　　変数ageの値は数値「18」以下、または、変数ageの値は数値「65」以上かの結果を表示する。
08 　　変数ageの値は数値「10」以下、または、変数ageの値は数値「65」以上かの結果を表示する。
09 　　変数ageの値は数値「7」以上ではないかの結果を表示する。

10	変数ageの値は数値「10」以下ではないかの結果を表示する。
11	mainメソッドの定義を終了する。
12	Example4_1_6クラスの定義を終了する。

実行結果　※プログラムをコンパイルした後に実行してください

```
C:\Users\FOM出版\Documents\FPT2311\04>javac Example4_1_6.java

C:\Users\FOM出版\Documents\FPT2311\04>java Example4_1_6
true
false
true
false
false
true

C:\Users\FOM出版\Documents\FPT2311\04>
```

論理演算子は関係演算子より優先順位が低いです。5～6行目の&&を使った演算では、左辺と右辺の両方がtrueの場合にtrueを返し、それ以外はfalseを返します。次のような流れで演算を行います。

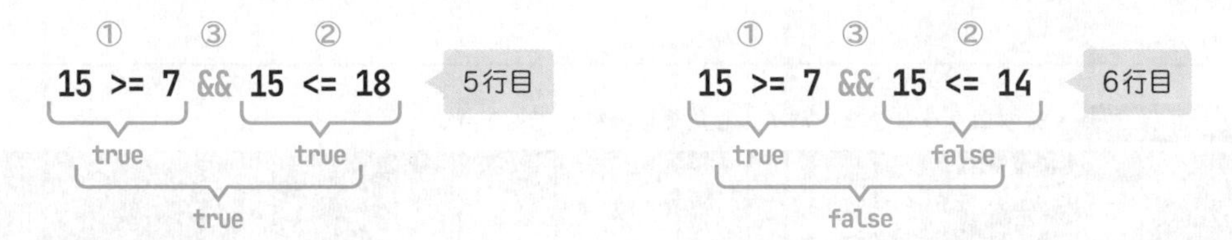

7～8行目の||演算子を使った演算では、左辺と右辺の両方またはどちらかがtrueの場合にtrueを返し、それ以外はfalseを返します。次のような流れで演算を行います。

9～10行目の!演算子を使った演算では、右辺がfalseの場合にtrueを返し、右辺がtrueの場合にfalseを返します。次のような流れで演算を行います。

複数の条件で判定するときに、論理演算子は役に立つよ。

Reference

条件式の組合せに注意する

条件式の組合せを誤ると、結果が必ずtrue、もしくは結果が必ずfalseになってしまう場合があるので、注意が必要です。次のプログラムでは、&&演算子を使っています。変数ageにどのような数値が代入されても、変数ageは数値「18」以下、変数ageは数値「65」以上の2つ条件は同時に満たせないため、結果は必ずfalseになります。

プログラム：Example4_1_6_r1.java

```
01 class Example4_1_6_r1 {
02     public static void main(String[] args) {
03         int age = 15;
04         System.out.println(age >= 7 && age <= 18);
05         System.out.println(age >= 7 && age <= 14);
06         System.out.println(age <= 18 && age >= 65);
07     }
08 }
```

実行結果　※プログラムをコンパイルした後に実行してください

```
C:\Users\FOM出版\Documents\FPT2311\04>javac Example4_1_6_r1.java

C:\Users\FOM出版\Documents\FPT2311\04>java Example4_1_6_r1
true
false
false

C:\Users\FOM出版\Documents\FPT2311\04>
```

必ずfalseになる

条件式を作るときは、変数に代入する値を書き換えて、結果がtrueとfalseのどちらにもなることを確認しよう。

4-2 制御構造

プログラムを実行する順序のことを制御構造といいます。制御構造には、順次構造、分岐構造、繰り返し構造などがあります。

4-2-1 制御構造の種類

順次構造、分岐構造、繰り返し構造といった制御構造がどのようなものなのか、まずは簡単に把握していきましょう。

順次構造(逐次構造)

これまで学んだプログラムは、上から下に向かって順番に処理が実行されました。このような処理の構造を**順次構造**といいます。順次構造は、プログラムの手順を表現する**フローチャート**と呼ばれる図で、次のように表現できます。

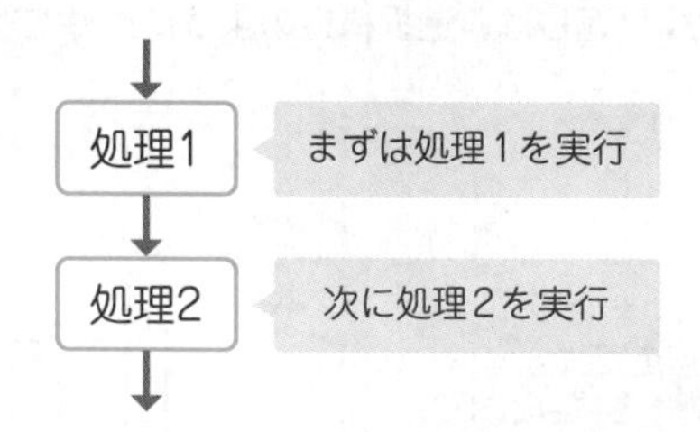

順次構造は一番基本的な構造です。ソースコードに記述されている内容を上から下へ順番に処理していきます。

分岐構造(選択構造)

順次構造では「ある条件を満たす場合にだけ処理を実行する」ということができません。このような処理を行うためには、条件を設定して、その条件の結果によって処理内容を分岐させるようにする必要があります。このような分岐のことを**条件分岐**といいます。

このように、処理の途中で条件を設定し、条件を判定した結果で実行する処理が変わる構造を**分岐構造**といいます。条件を判定した結果は、**真偽値**と呼ばれる値で表現します。条件を満たしている場合は**true(真)**、条件を満たしていない場合は**false(偽)**です。P.66で説明したboolean型が真偽値を表すデータ型です。

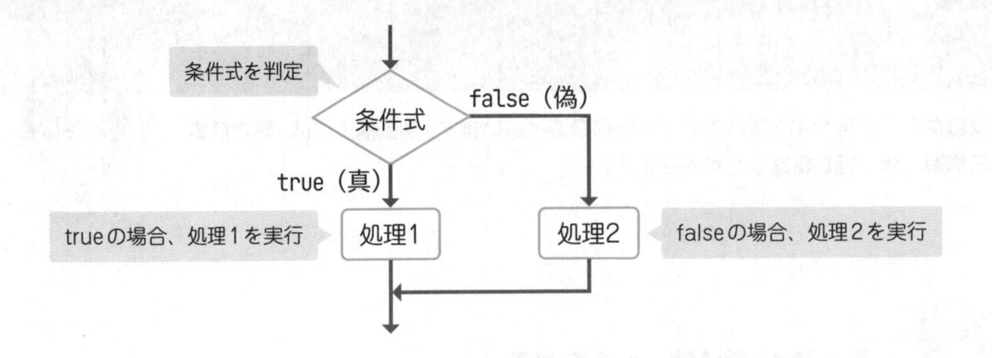

上図の場合、条件を判定して、条件を満たす場合（真）は「処理１」を実行し、満たさない場合（偽）は「処理２」を実行します。このように２つに分岐する他に、複数の条件を組み合わせたり、条件に値を設定して分岐することによって、より多くの分岐構造にすることもできます。

繰り返し構造（反復構造）

同じ処理を何度も繰り返す場合は、**繰り返し構造**と呼ばれる構造のプログラムを作ります。Javaの繰り返し構造は２種類で、指定回数の繰り返しと、条件を満たしている間の繰り返しがあります。

フローチャートで表す場合、指定回数の繰り返しは六角形（ループ端子）で挟まれた処理を繰り返します。

また、条件を満たしている間の繰り返しは、選択構造のように条件を設定し、繰り返し処理を実行するかどうかを判定します。

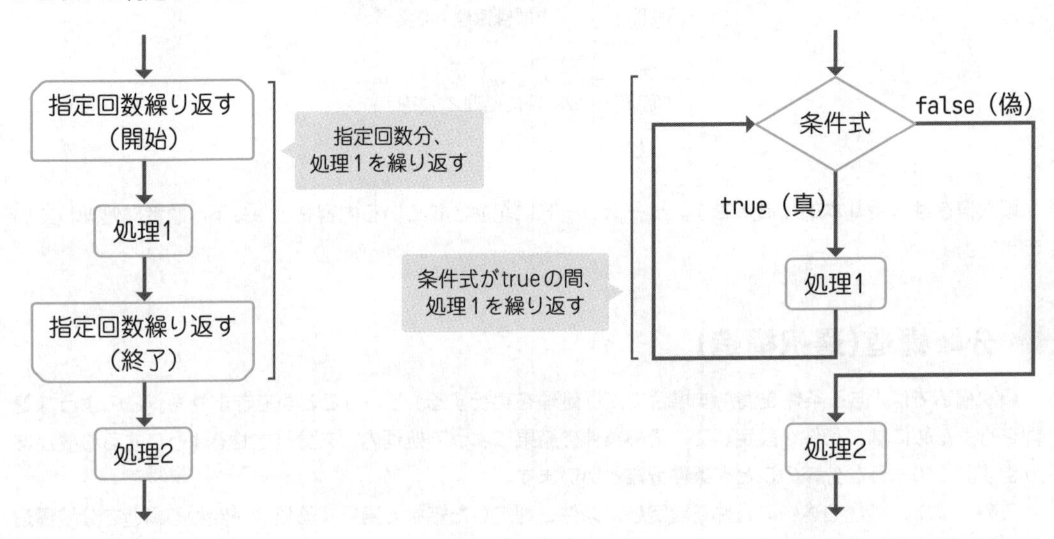

順次構造に分岐構造や繰り返し構造を組み合わせることで、様々な処理を行うプログラムを作れます。分岐構造は、「if文」、「switch文」で実現します。繰り返し構造は、「for文」、「while文」で実現します。以降の項では、分岐構造や繰り返し構造の処理の書き方を説明します。

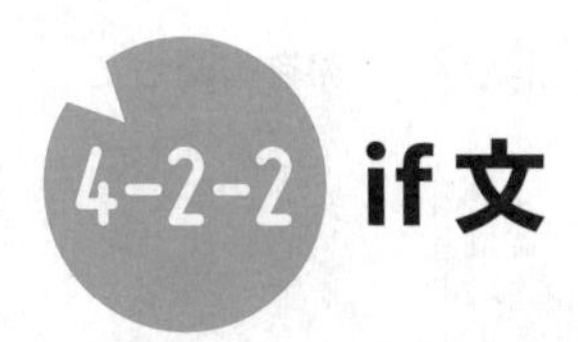

4-2-2 if文

条件分岐を行うためには**if（イフ）文**を使います。if文を使うことで、分岐構造（選択構造）を実現することができます（P.115参照）。

if～else文を使った条件分岐

if～else文は、条件式の判定結果がtrue（真）かfalse（偽）による、二分木の分岐処理を作ることができます。

構文
```
if ( 条件式 ) {
    処理1;  ──── 条件式がtrueの場合に実行する
} else {
    処理2;  ──── 条件式がfalseの場合に実行する
}
```

例：変数scoreの値が数値「80」以上の場合は「合格です」と表示、それ以外の場合は「不合格です」と表示する。

```
if (score >= 80) {
    System.out.println("合格です");
} else {
    System.out.println("不合格です");
}
```

条件式がtrue（真）のときだけ処理を行いたい場合は、else節を省略します。

構文
```
if ( 条件式 ) {
    処理1;  ──── 条件式がtrueの場合に実行する
}
```

例：変数scoreの値が数値「80」以上の場合は「合格です」と表示する。

```
if (score >= 80) {
    System.out.println("合格です");
}
```

if～else文の構文で説明した内容をフローチャートで示します。なお、右側には、else節を省略した場合のフローチャートを示します。

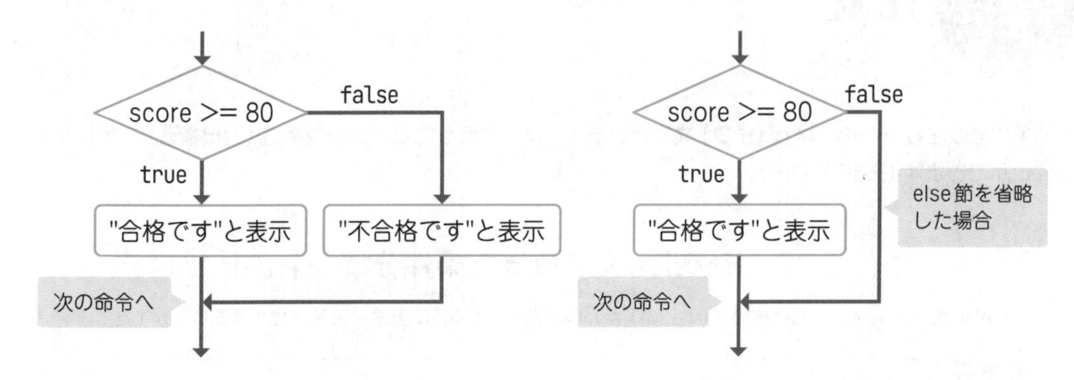

条件分岐を利用すれば、値によって処理を分けることができるよ。例えば、テストの合格者には賞賛の言葉を、不合格者には励ましの言葉をかけるといったことが可能になるよ。

Reference

インデントとブロック

条件分岐を書く際に、「{ }（波括弧）」の中で**インデント**（字下げ）を行っていることに注目してください。実行する処理の範囲を**ブロック**と言います。このようにインデントを行いブロックを作ると、処理のまとまりがわかりやすくなります。こうした見た目を整えることで、プログラムの見通しがよくなり、バグ（プログラムコードの誤りや欠陥）を未然に防ぐことができます。

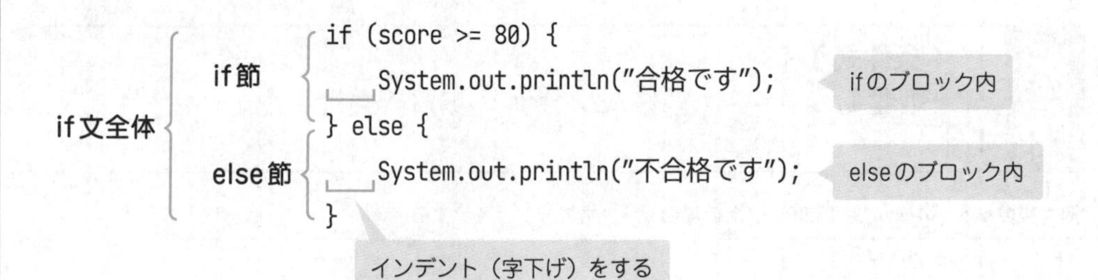

Javaでプログラムを書く場合、このようにif文やfor文（P.138参照）の{ }の中はインデントを行います。インデントは、半角スペース4文字や2文字、タブ記号などで記述します。

if〜else文では、条件分岐は2つでした。**if〜else if〜else文**を使うと、条件分岐を3分岐、4分岐、…と複数の分岐処理を作ることができます。

if〜else if〜else文を使った条件分岐

if文全体に対して、else if節は複数入れられます。「どの条件式もfalseの場合」に実行したい処理がある場合は、最後にelse節を入れます。

構文
```
if ( 条件式1) {
    処理1; ―――― 条件式1がtrueの場合に実行する
} else if ( 条件式2) {
    処理2; ―――― 条件式1がfalseで、条件式2がtrueの場合に実行する
} else if ( 条件式3) {
    処理3; ―――― 条件式1、2がfalseで、条件式3がtrueの場合に実行する
} else {
    処理4; ―――― 条件式がすべてfalseの場合に実行する
}
```

例：変数scoreの数値が「100」なら文字列「優」、そうではなく数値「70」以上なら文字列「良」、そうではなく数値「50」以上なら文字列「可」、そうではないなら文字列「不可」を表示する。

```
if (score == 100) {
    System.out.println("優");
} else if (score >= 70) {
    System.out.println("良");
} else if (score >= 50) {
    System.out.println("可");
} else {
    System.out.println("不可");
}
```

条件分岐を3分岐以上にしたい場合は、if〜else if〜else文を利用するといいよ。

if〜else if〜else文の構文で説明した内容をフローチャートで示します。

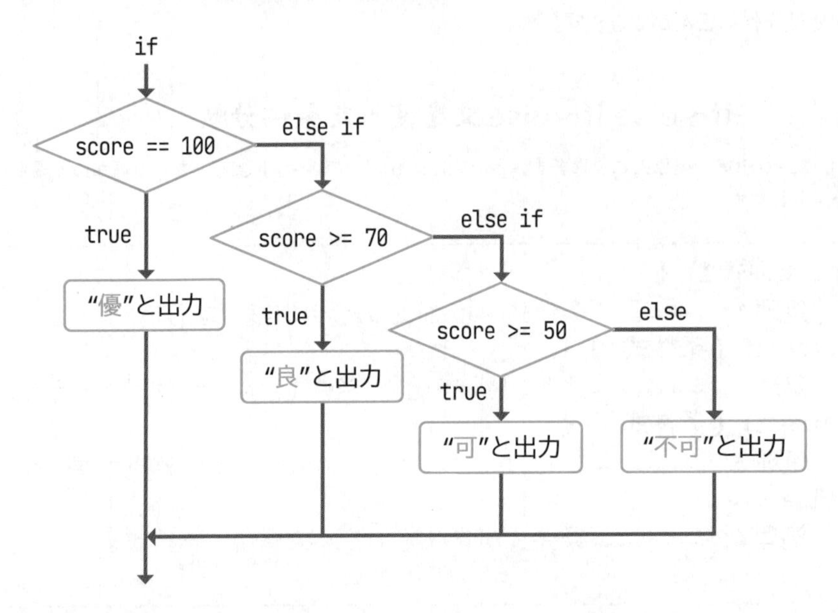

こうした分岐処理を、if〜else文で記述することもできます。次のプログラムは、if〜else文だけで記述した例です。このようにif〜else文で記述すると、構造が複雑になります。

```
01 if (score == 100) {
02     System.out.println("優");
03 } else {
04     if (score >= 70) {
05         System.out.println("良");
06     } else {
07         if (score >= 50) {
08             System.out.println("可");
09         } else {
10             System.out.println("不可");
11         }
12     }
13 }
```

実践してみよう

次のプログラムは、変数ageに代入した値によって処理が分岐します。

構文の使用例

プログラム：Example4_2_2.java

```
01 class Example4_2_2 {
02     public static void main(String[] args) {
03         int age = 10;
04 
05         if (age <= 3) {
06             System.out.println("幼児");
07         } else if (age <= 12) {
08             System.out.println("子供");
09         } else {
10             System.out.println("大人");
11         }
12     }
13 }
```

解説

01	Example4_2_2クラスの定義を開始する。
02	mainメソッドの定義を開始する
03	int型の変数ageを宣言して、数値「10」を代入する。
04	
05	if文を開始する。変数ageの値が数値「3」以下の場合、次の処理を実行する。
06	文字列「幼児」を表示する。
07	そうではなく変数ageの値が数値「12」以下の場合、次の処理を実行する。
08	文字列「子供」を表示する。
09	それ以外の場合、次の処理を実行する。
10	文字列「大人」を表示する。
11	if文を終了する。
12	mainメソッドの定義を終了する。
13	Example4_2_2クラスの定義を終了する。

実行結果　※プログラムをコンパイルした後に実行してください

```
C:\Users\FOM出版\Documents\FPT2311\04>javac Example4_2_2.java

C:\Users\FOM出版\Documents\FPT2311\04>java Example4_2_2
子供

C:\Users\FOM出版\Documents\FPT2311\04>
```

年齢の数値によって、表示を変えるプログラムだね。乳児、子供、大人と分岐しているよ。

5行目で変数ageの値が「3」以下ならば6行目で「乳児」と表示し、そうではない場合、7行目で変数ageの値が「12」以下ならば8行目で「子供」と表示し、そうではない場合、9行目でその他の場合の処理に分岐して、10行目で「大人」と表示しています。

このプログラムは、次のようなフローチャートで表せます。3行目で、変数ageに数値「10」を代入しているため、5行目の「age <= 3」の判定結果はfalseとなり、7行目の条件式の判定を行います。「age <= 12」の判定結果はtrueになるため、else if節のブロックに進みます。

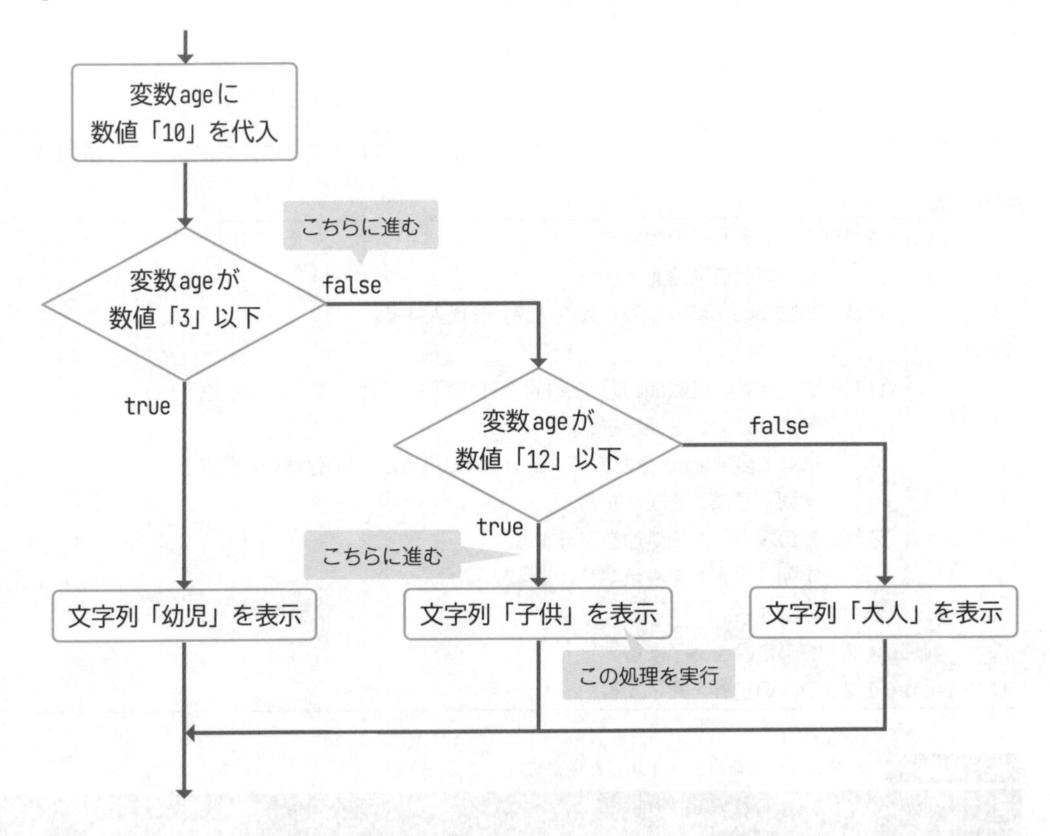

3行目の変数ageに代入する値を変更して、動作を確認してみよう。「2」に変更した場合、「幼児」と表示されると正しく動作しているよ！

よく起きるエラー①

条件式で「)」を付け忘れると、コンパイル時にエラーとなります。

実行結果　※コンパイル時にエラー

```
C:\Users\FOM出版\Documents\FPT2311\04>javac Example4_2_2_e1.java
Example4_2_2_e1.java:7: エラー: ')'がありません
        } else if (age <= 12 {
                            ^
エラー1個

C:\Users\FOM出版\Documents\FPT2311\04>
```

- **エラーの発生場所：7行目「 } else if (age <= 12 { 」**
- **エラーの意味　　：「) 」がない。**

プログラム：Example4_2_2_e1.java

```
01 class Example4_2_2_e1 {
02     public static void main(String[] args) {
03         int age = 10;
04 
05         if (age <= 3) {
06             System.out.println("幼児");
07         } else if (age <= 12 {
08             System.out.println("子供");
09         } else {
10             System.out.println("大人");
11         }
12     }
13 }
```

「(age <= 12」のあとに「)」がない

- **対処方法：7行目の「(age <= 12」のあとに「)」を追加する。**

よく起きるエラー②

条件式を実行するブロックで「{」を付け忘れると、コンパイル時にエラーとなります。

実行結果　※コンパイル時にエラー

```
C:\Users\FOM出版\Documents\FPT2311\04>javac Example4_2_2_e2.java
Example4_2_2_e2.java:9: エラー: 型の開始が不正です
        } else {
          ^
Example4_2_2_e2.java:13: エラー: class, interface, enumまたはrecordがありません
}
^
エラー2個

C:\Users\FOM出版\Documents\FPT2311\04>
```

- **エラーの発生場所：9行目「 } else { 」**
  13行目「 } 」
- **エラーの意味　：型の開始が不正であるなど（原因は7行目の「{」の付け忘れ ※「{」と「}」の対応関係が認識できない状態）。**

プログラム：Example4_2_2_e2.java

```
01 class Example4_2_2_e2 {
02     public static void main(String[] args) {
03         int age = 10;
04 
05         if (age <= 3) {
06             System.out.println("幼児");
07         } else if (age <= 12)          「(age <= 12)」のあとに「{ 」がない
08             System.out.println("子供");
09         } else {
10             System.out.println("大人");
11         }
12     }
13 }
```

- **対処方法：7行目の「(age <= 12)」のあとに「 { 」を追加する。**

よく起きるエラー③

else節を実行するブロックで「}」を付け忘れると、コンパイル時にエラーとなります。

実行結果　※コンパイル時にエラー

```
C:\Users\FOM出版\Documents\FPT2311\04>javac Example4_2_2_e3.java
Example4_2_2_e3.java:13: エラー: 構文解析中にファイルの終わりに移りました
}
 ^
エラー1個

C:\Users\FOM出版\Documents\FPT2311\04>
```

- **エラーの発生場所：11行目「}」**
  13行目「}」
- **エラーの意味　　：構文解析中にファイルの終わりに移った（原因は11行目の「}」の付け忘れ ※「{」と「}」の対応関係が認識できない状態）。**

プログラム：Example4_2_2_e3.java

```
01 class Example4_2_2_e3 {
02     public static void main(String[] args) {
03         int age = 10;
04
05         if (age <= 3) {
06             System.out.println("幼児");
07         } else if (age <= 12) {
08             System.out.println("子供");
09         } else {
10             System.out.println("大人");
11         ──────────── 「}」がない
12     }
13 }
```

- **対処方法：11行目に「}」を追加する。**

「{」と「}」の対応は、必ずセットで記述するということに気を付けてください。

よく起きるエラー②や③で発生するエラーは、エラーメッセージだけを見て初心者が原因にたどり着くのは困難です。このプログラムで記述ミスがあるのは11行目で、エラーメッセージが出るのは13行目です。13行目だけを見ていてもエラーの原因はわかりません。

プログラミングの経験がある程度ある人ならば、「{」や「}」だけしかない行でエラーが起きているならば、カッコの対応がおかしくなっていると気付きます。しかし初心者にはわかりづらいところです。

こうしたエラーにすぐに気付くには、プログラミング用のコードエディターや統合開発環境を使う方法もあります。シンタックスハイライトという色付け機能で、カッコの対応が間違っていることを指摘してくれます。

 実習問題①

次の実行結果例となるようなプログラムを作成してください。

実行結果例　※プログラムをコンパイルした後に実行してください

```
C:\Users\FOM出版\Documents\FPT2311\04>javac Example4_2_2_p1.java

C:\Users\FOM出版\Documents\FPT2311\04>java Example4_2_2_p1
テストの点数 : 70点
テストの合否 : 合格

C:\Users\FOM出版\Documents\FPT2311\04>
```

- **概要　　　：テストの得点が70点以上であれば「テストの合否：合格」、70点未満であれば「テストの合否：不合格」と表示する。**
- **実習ファイル：Example4_2_2_p1.java**
- **処理の流れ**
  - **テストの点数をint型の変数scoreに格納する。**
  - **テストの点数を「テストの点数：」と連結して表示する。改行して「テストの合否：」を表示する。**
  - **変数scoreの値が数値「70」以上であれば文字列「合格」、数値「70」未満であれば文字列「不合格」を表示する。**

解答例

プログラム：Example4_2_2_p1.java

```
01 class Example4_2_2_p1 {
02     public static void main(String[] args) {
03         // テストの点数を変数に格納
04         int score = 70;
05
06         // テストの点数と合否を表示
07         System.out.println("テストの点数 : " + score + "点");
08         System.out.print("テストの合否 : ");
09
10         // テストの合否判定
11         if (score >= 70) {
12             System.out.println("合格");
```

```
13          } else {
14              System.out.println("不合格");
15          }
16      }
17  }
```

解説

01	Example4_2_2_p1クラスの定義を開始する。
02	mainメソッドの定義を開始する。
03	コメントとして「テストの点数を変数に格納」を記述する。
04	int型の変数scoreを宣言して、数値「70」を代入する。
05	
06	コメントとして「テストの点数と合否を表示」を記述する。
07	文字列「テストの点数 ： 」と変数scoreの値と文字「点」を連結して表示する。
08	文字列「テストの合否 ： 」を表示する。なお、表示後に改行しない。
09	
10	コメントとして「テストの合否判定」を記述する。
11	if文を開始する。変数scoreの値が数値「70」以上の場合、次の処理を実行する。
12	文字列「合格」を表示する。
13	それ以外の場合、次の処理を実行する。
14	文字列「不合格」を表示する。
15	if文を終了する。
16	mainメソッドの定義を終了する。
17	Example4_2_2_p1クラスの定義を終了する。

4行目で、条件式で判定に使う変数scoreの宣言と、数値「70」の代入を行います。

11行目から15行目のif～else文では、表示する文字列の分岐を行います。合格の場合と、不合格の場合の2種類の処理を用意する必要があるので、if～else文を使い、処理を分岐します。

11行目で条件式の判定をしています。70点以上かの判定は、条件式「score >= 70」で行えます。70点以上の場合は、12行目で「合格」と表示します。そうでない場合は、13行目に処理を分岐して、14行目で「不合格」と表示します。

 実習問題②

次の実行結果例となるようなプログラムを作成してください。

実行結果例　※プログラムをコンパイルした後に実行してください

```
C:\Users\FOM出版\Documents\FPT2311\04>javac Example4_2_2_p2.java

C:\Users\FOM出版\Documents\FPT2311\04>java Example4_2_2_p2
私の氏名は　富士　太郎　です。
勤務先は　　富士通ラーニングメディア　です。
私は　　　　若手社員　です。

C:\Users\FOM出版\Documents\FPT2311\04>
```

「若手社員」と表示される

- **概要**　　　：**与えられている社員情報（氏名、勤務先、勤続年数）を基に、勤続年数に応じたメッセージを表示する。**
- **実習ファイル：Example4_2_2_p2.java**
- **処理の流れ**
  - **氏名をString型の変数nameに格納する。勤務先をString型の変数corporationに格納する。勤続年数をint型の変数yearsに格納する。（氏名には文字列「富士　太郎」、勤務先には文字列「富士通ラーニングメディア」、勤続年数には数値「3」を指定する）**
  - **氏名の前後に「私の氏名は　」「　です。」を連結して表示する。勤務先の前後に「勤務先は　　」「　です。」を連結して表示する。**
  - **変数yearsに格納した勤続年数の値に応じて、次のようにメッセージを表示する。**
    - **勤続年数が1年　→「私は　　　　新入社員　です。」**
    - **勤続年数が2年以上6年未満　→「私は　　　　若手社員　です。」**
    - **勤続年数が6年以上15年未満　→「私は　　　　中堅社員　です。」**
    - **勤続年数が15年以上　→「私は　　　　ベテラン社員　です。」**

解答例

プログラム：Example4_2_2_p2.java

```
01 class Example4_2_2_p2 {
02     public static void main(String[] args) {
03         // 変数の宣言と値の格納
04         String name = "富士　太郎";
05         String corporation = "富士通ラーニングメディア";
06         int years = 3;
07
08         // 氏名と勤務先の表示
09         System.out.println("私の氏名は　" + name + "　です。");
10         System.out.println("勤務先は　　" + corporation + "　です。");
11
12         // 分岐してメッセージを表示
13         if (years > 0 && years < 2) {
14             System.out.println("私は　　　　新入社員　です。");
```

```
15          } else if (years >= 2 && years < 6) {
16              System.out.println("私は□□□□□若手社員□です。");
17          } else if (years >= 6 && years < 15) {
18              System.out.println("私は□□□□□中堅社員□です。");
19          } else if( years >= 15) {
20              System.out.println("私は□□□□□ベテラン社員□です。");
21          }
22      }
23  }
```

※□は、全角空白が入っていることを表しています。

解説

01 Example4_2_2_p2クラスの定義を開始する。
02 　mainメソッドの定義を開始する。
03 　　コメントとして「変数の宣言と値の格納」を記述する。
04 　　String型の変数nameを宣言して、文字列「富士□太郎」を代入する。
05 　　String型の変数corporationを宣言して、文字列「富士通ラーニングメディア」を代入する。
06 　　int型の変数yearsを宣言して、数値「3」を代入する。
07
08 　　コメントとして「氏名と勤務先の表示」を記述する。
09 　　文字列「私の氏名は□」と変数nameの値と文字列「□です。」を連結して表示する。
10 　　文字列「勤務先は□□」と変数corporationの値と文字列「□です。」を連結して表示する。
11
12 　　コメントとして「分岐してメッセージを表示」を記述する。
13 　　if文を開始する。変数scoreの値が数値「0」より大きく、かつ、数値「2」より小さい場合、次の処理を実行する。
14 　　　文字列「私は□□□□□新入社員□です。」を表示する。
15 　　そうではなく変数yearsの値が数値「2」以上、かつ、数値「6」より小さい場合、次の処理を実行する。
16 　　　文字列「私は□□□□□若手社員□です。」を表示する。
17 　　そうではなく変数yearsの値が数値「6」以上、かつ、数値「15」より小さい場合、次の処理を実行する。
18 　　　文字列「私は□□□□□中堅社員□です。」を表示する。
19 　　そうではなく変数yearsの値が数値「15」以上の場合、次の処理を実行する。
20 　　　文字列「私は□□□□□ベテラン社員□です。」を表示する。
21 　　if文を終了する。
22 　mainメソッドの定義を終了する。
23 Example4_2_2_p2クラスの定義を終了する。

6行目で、変数yearsを宣言して、数値「3」を代入しています。この変数yearsの値で処理を分岐します。

13行目から21行目はif～else if～else文で表示を分岐しています。分岐は「新入社員」「若手社員」「中堅社員」「ベテラン社員」の4つです。

13行目で、変数yearsの値が「0」より大きい、かつ、変数yearsの値が「2」より小さい場合は、14行目で「私は　　　　新入社員　です。」と表示します。

そうではない場合、15行目で、変数yearsの値が「2」以上、かつ、変数yearsの値が「6」より小さい場合は、16行目で「私は　　　　若手社員　です。」と表示します。

そうではない場合、17行目で、変数yearsの値が「6」以上、かつ、変数yearsの値が「15」より小さい場合は、18行目で「私は　　　　中堅社員　です。」と表示します。

そうではない場合、19行目で、変数yearsの値が「15」以上の場合は、20行目で「私は　　　　ベテラン社員　です。」と表示します。

実習問題③

次の実行結果例となるようなプログラムを作成してください。

実行結果例：コマンドライン引数で「10」と入力した場合

※プログラムをコンパイルした後に実行してください

```
C:\Users\FOM出版\Documents\FPT2311\04>javac Example4_2_2_p3.java

C:\Users\FOM出版\Documents\FPT2311\04>java Example4_2_2_p3 10
私の氏名は　富士　太郎　です。
勤務先は　　富士通ラーニングメディア　です。
私は　　　　中堅社員　です。

C:\Users\FOM出版\Documents\FPT2311\04>
```

「10」と入力

「中堅社員」と表示される

実行結果例：コマンドライン引数で「15」と入力した場合

```
C:\Users\FOM出版\Documents\FPT2311\04>java Example4_2_2_p3 15
私の氏名は　富士　太郎　です。
勤務先は　　富士通ラーニングメディア　です。
私は　　　　ベテラン社員　です。

C:\Users\FOM出版\Documents\FPT2311\04>
```

「15」と入力

「ベテラン社員」と表示される

実行結果例：コマンドライン引数で「1」と入力した場合

```
C:\Users\FOM出版\Documents\FPT2311\04>java Example4_2_2_p3 1
私の氏名は　富士　太郎　です。
勤務先は　　富士通ラーニングメディア　です。
私は　　　　新入社員　です。

C:\Users\FOM出版\Documents\FPT2311\04>
```

「1」と入力

「新入社員」と表示される

- 概要　　　　　：実習問題2で完成したプログラム（Example4_2_2_p2.java）について、「勤続年数」の値をコマンドライン引数から指定するように変更する。
- 実習ファイル：Example4_2_2_p3.java
- 処理の流れ
  - 実習問題2で完成したプログラム（Example4_2_2_p2.java）をコピーして、ファイル名を「Example4_2_2_p3.java」にする。
  - 勤続年数の値をコマンドライン引数で受け取り、int型の変数yearsに格納するように変更する。
- 補足
  - コマンドライン引数で受け取った値をint型に変換するには、Integer.parseInt(String str)メソッドを利用する（P.86参照）。

解答例

プログラム：Example4_2_2_p3.java

```
01 class Example4_2_2_p3 {
02     public static void main(String[] args) {
03         // 変数の宣言と値の格納
04         String name = "富士　太郎";
05         String corporation = "富士通ラーニングメディア";
06 
07         // コマンドライン引数を受け取り、変数に代入
08         int years = Integer.parseInt(args[0]);
09 
10         // 氏名と勤務先の表示
11         System.out.println("私の氏名は　" + name + "　です。");
12         System.out.println("勤務先は　　" + corporation + "　です。");
13 
14         // 分岐してメッセージを表示
15         if (years > 0 && years < 2) {
16             System.out.println("私は　　　　新入社員　です。");
17         } else if (years >= 2 && years < 6) {
18             System.out.println("私は　　　　若手社員　です。");
19         } else if (years >= 6 && years < 15) {
20             System.out.println("私は　　　　中堅社員　です。");
21         } else if( years >= 15) {
22             System.out.println("私は　　　　ベテラン社員　です。");
23         }
24     }
25 }
```

※□は、全角空白が入っていることを表しています。

解説

01	Example4_2_2_p3クラスの定義を開始する。
02	mainメソッドの定義を開始する。
03	コメントとして「変数の宣言と値の格納」を記述する。
04	String型の変数nameを宣言して、文字列「富士⬚太郎」を代入する。
05	String型の変数corporationを宣言して、文字列「富士通ラーニングメディア」を代入する。
06	
07	コメントとして「コマンドライン引数を受け取り、変数に代入」を記述する。
08	int型の変数yearsを宣言して、変数argsに格納されている配列の1番目（要素番号0）の値をint型に変換した結果を代入する。
09	
10	コメントとして「氏名と勤務先の表示」を記述する。
11	文字列「私の氏名は⬚」と変数nameの値と文字列「⬚です。」を連結して表示する。
12	文字列「勤務先は⬚⬚」と変数corporationの値と文字列「⬚です。」を連結して表示する。
13	
14	コメントとして「分岐してメッセージを表示」を記述する。
15	if文を開始する。変数scoreの値が数値「0」より大きく、かつ、数値「2」より小さい場合、次の処理を実行する。
16	文字列「私は⬚⬚⬚⬚新入社員⬚です。」を表示する。
17	そうではなく変数yearsの値が数値「2」以上、かつ、数値「6」より小さい場合、次の処理を実行する。
18	文字列「私は⬚⬚⬚⬚若手社員⬚です。」を表示する。
19	そうではなく変数yearsの値が数値「6」以上、かつ、数値「15」より小さい場合、次の処理を実行する。
20	文字列「私は⬚⬚⬚⬚中堅社員⬚です。」を表示する。
21	そうではなく変数yearsの値が数値「15」以上の場合、次の処理を実行する。
22	文字列「私は⬚⬚⬚⬚ベテラン社員⬚です。」を表示する。
23	if文を終了する。
24	mainメソッドの定義を終了する。
25	Example4_2_2_p3クラスの定義を終了する。

8行目でコマンドライン引数で勤続年数の値を受け取って、指定した引数の値に応じて、表示するメッセージを変えています。

コマンドライン引数はString型のデータとして値を受け取ります。15～23行目のif文の条件式では、数値の範囲で判定していますので、String型のデータをint型に変換する必要があります。8行目でInteger.parseInt(String str)メソッドを利用することで、コマンドライン引数で受け取ったString型の値をint型に変換したうえで、変数yearsに代入しています。

このプログラムのように、条件分岐とコマンドライン引数を組み合わせることで、同じプログラムでも入力値によって実行結果を変えることができます。

多くのプログラムでは、固定の結果を出力するだけでなく、コマンドライン引数や読み込むファイル、デバイスから得られる値などで実行結果を変えます。こうした分岐を行うことで仕事や作業を効率化することができます。

4-2-3 switch文

switch文は、式の値をもとに複数の種類の分岐を行う制御構造です。switch文では値をいくつか用意して、変数の値が特定の値と一致するかどうかで細かく分岐させることができます。

switch文を使った条件分岐

「式」の値と**case**のあとに書いた「定数式1」が等しかった場合に、「処理1」が実行されます。「式」の値と「定数式2」が等しかった場合には「処理2」が実行されます。caseと定数式のあとには「: (コロン)」を書きます。「; (セミコロン)」ではないので注意してください。また、式の値がどの定数式とも一致しなかった場合は、「**default**」の後に記述した「処理default」が実行されます。「default」は省略可能です。このdefaultのあとに書く記号も「: (コロン)」です。**break文**は、switch文を強制的に終了する命令文です。

構文
```
switch ( 式 ) {
    case 定数式 1:
        処理 1;
        break;
    case 定数式 2:
        処理 2;
        break;
    default:
        処理 default;
}
```

例：変数floorの値が数値「1」の場合は「1階です」と表示し、数値「2」の場合は「2階です」と表示し、それ以外の場合は「入力ミスです」と表示する。

```
switch (floor) {
    case 1:
        System.out.println("1階です");
        break;
    case 2:
        System.out.println("2階です");
        break;
    default:
        System.out.println("入力ミスです");
}
```

上の例のプログラムをフローチャートで示します。

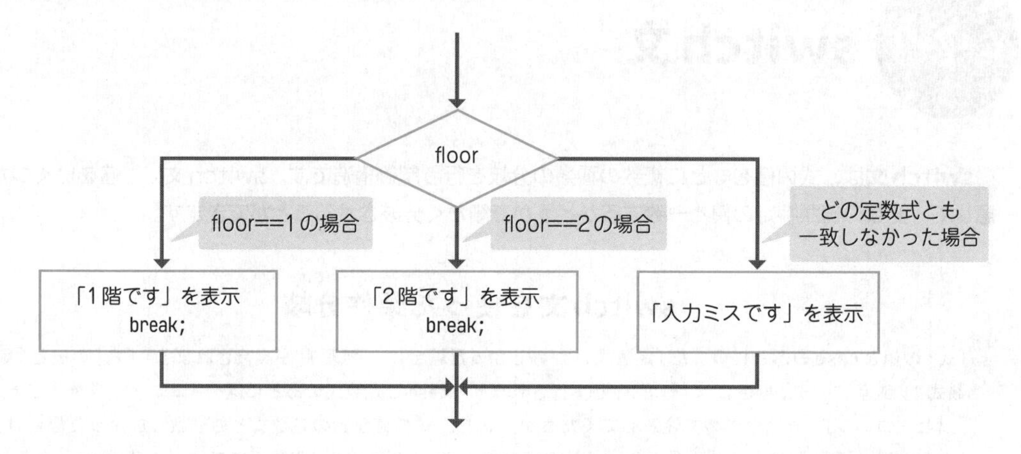

使用できるデータ型

switch文の式には、byte型、short型、char型、int型、String型などが利用できます。なお、Java SE7以前ではString型は使用できませんでした。式に指定する( )内の変数のデータ型と、定数式の値のデータ型は同じものを用います。異なるデータ型を用いるとコンパイルエラーが発生します。次のプログラムでは、1行目の式で、変数groupのデータ型にString型を使用しています。

```
01 switch (group) {
02     case "営業":
03         System.out.println("2階　201号室");
04         break;
05     case "開発":
06         System.out.println("3階　302号室");
07         break;
08     default:
09         System.out.println("1階　受け付け");
10 }
```

break文がなかった場合

caseの直後にbreak文を記述しないで、処理を抜けなかった場合は、次の行に処理が移ります。switch文では、break文に到達するか、switch文を終了するまで、処理を続行します。

例えば、次のようなプログラムで変数floorに数値「2」が格納されているとします。switch文の「case 2:」に処理が移り、「2階です」が表示されます。「case 2：」の処理ではbreak文が記述されていないので、「case 3:」に処理が移り、「3階です」が表示されます。「case 3:」の処理でbreak文が記述されているので、switch文を抜けます。

```
switch (floor) {
    case 1:
        System.out.println("1階です");
    case 2:
        System.out.println("2階です");
    case 3:
        System.out.println("3階です");
        break;
    default:
        System.out.println("入力ミスです。");
}
```

実践してみよう

次のプログラムは、変数Stringに代入した値によって処理を分岐して、平日か休日かを表示します。

構文の使用例

プログラム：Example4_2_3.java

```
01 class Example4_2_3 {
02     public static void main(String[] args) {
03         String day = "水";
04 
05         switch (day) {
06             case "月":
07             case "火":
08             case "水":
09             case "木":
10             case "金":
11                 System.out.println("平日です");
12                 break;
13             case "土":
14             case "日":
15                 System.out.println("休日です");
16         }
17     }
18 }
```

解説

01	Example4_2_3クラスの定義を開始する。
02	mainメソッドの定義を開始する
03	String型の変数dayを宣言して、文字「水」を代入する。
04	
05	switch文を開始する。式に変数dayを指定する。
06	式（変数dayの値）と文字「月」が等しい場合、次の処理を実行する。
07	式（変数dayの値）と文字「火」が等しい場合、次の処理を実行する。
08	式（変数dayの値）と文字「水」が等しい場合、次の処理を実行する。
09	式（変数dayの値）と文字「木」が等しい場合、次の処理を実行する。
10	式（変数dayの値）と文字「金」が等しい場合、次の処理を実行する。
11	文字列「平日です」を表示する。
12	switch文を抜ける。
13	式（変数dayの値）と文字「土」が等しい場合、次の処理を実行する。
14	式（変数dayの値）と文字「日」が等しい場合、次の処理を実行する。
15	文字列「休日です」を表示する。
16	switch文を終了する。
17	mainメソッドの定義を終了する。
18	Example4_2_3クラスの定義を終了する。

実行結果　※プログラムをコンパイルした後に実行してください

```
C:\Users\FOM出版\Documents\FPT2311\04>javac Example4_2_3.java

C:\Users\FOM出版\Documents\FPT2311\04>java Example4_2_3
平日です

C:\Users\FOM出版\Documents\FPT2311\04>
```

変数dayの値が「月」「火」「水」「木」「金」の場合は「平日です」、「土」「日」の場合は「休日です」と表示するプログラムです。まずは月から金までの処理をみていき、そのあとに土日の処理をみていきましょう。

5～16行目がswitch文のブロックです。このブロック内で変数dayの値に一致するかどうかで、処理を分岐します。

6～9行目で定数式が「月」「火」「水」「木」の場合は、caseによる定数式だけを記述しています。処理とbreak文を記述していないため、10行目の定数式が「金」の場合まで処理が進み、11行目で「平日です」と表示します。そのあと、12行目のbreak文を実行してswitch文から処理を抜けます。

なお、10行目で定数式が「金」の場合は、11行目で「平日です」と表示したあと、12行目のbreak文を実行してswitch文の処理を抜けます。

13行目で定数式が「土」の場合は、caseによる定数式だけを記述しています。処理とbreak文を記述していないため、14行目の定数式が「日」の場合まで処理が進みます。15行目で「休日です」と表示したあと、プログラムを最後まで実行して、switch文の処理を抜けます。

なお、14行目で定数式が「日」の場合は、15行目で「休日です」と表示したあと、プログラムを最後まで実行して、switch文の処理を抜けます。

このプログラムでは、3行目で変数dayに文字列「水」を代入していますので、5行目からswitch文を開始し、6～7行目は「水」に一致しないので何もせず、8行目で「case "水"」に一致します。9行目、10行目に処理が移って何もしないで、11行目で「平日です」と表示し、12行目でswitchの処理を抜けます。

3行目の変数dayに代入する値を変更して、動作を確認してみよう。「土」に変更した場合、「休日です」と表示されると正しく動作しているよ！

 よく起きるエラー①

caseのあとの行末に「:」を記述しないと、コンパイル時にエラーとなります。

実行結果　※コンパイル時にエラー

```
C:\Users\FOM出版\Documents\FPT2311\04>javac Example4_2_3_e1.java
Example4_2_3_e1.java:7: エラー: :または->がありません
            case "火";
                     ^
エラー1個

C:\Users\FOM出版\Documents\FPT2311\04>
```

- **エラーの発生場所：7行目「case "火";」**
- **エラーの意味　　：「：」がない、またはcaseの構文である「->」が記述されていない（本書では紹介していないが、case「->」と記述してbreak文の記述を省略する方法がある）。**

プログラム：Example4_2_3_e1.java

```
01 class Example4_2_3_e1 {
02     public static void main(String[] args) {
03         String day = "水";
04 
05         switch (day) {
06             case "月":
07             case "火";       「:」とすべきを誤って「;」と記述した
08             case "水":
09             case "木":
 ⋮             ⋮
```

- **対処方法：7行目の「;」を「:」に修正する。**

よく起きるエラー②

式のデータ型とは異なるデータ型をcaseの定数式に指定すると、コンパイル時にエラーとなります。

実行結果　※コンパイル時にエラー

```
C:\Users\FOM出版\Documents\FPT2311\04>javac Example4_2_3_e2.java
Example4_2_3_e2.java:8: エラー: シンボルを見つけられません
                case 水:
                     ^
  シンボル:   変数 水
  場所: クラス Example4_2_3_e2
エラー1個

C:\Users\FOM出版\Documents\FPT2311\04>
```

- **エラーの発生場所：8行目「case 水:」**
- **エラーの意味　　：式で定義されているデータ型とは異なる（「シンボルを見つけられません」は、caseのあとに記述する変数名が見つからないことを意味する）。**

プログラム：Example4_2_3_e2.java

```
01 class Example4_2_3_e2 {
02     public static void main(String[] args) {
03         String day = "水";
04 
05         switch (day) {
06             case "月":
07             case "火":
08             case 水:  ←「"」で囲んでいないのでデータ型がString型とは認識されない
09             case "木":
 :                 :
```

- **対処方法：8行目の「case 水:」を「case "水":」に修正する。**

4-2-4 for文

Javaで繰り返し処理を作る方法は、大きく分けて3つあります。1つは**for文**を使う方法で、その他の2つは、**while文**や**do～while文**を使う方法です。

for文は、繰り返し処理の中でも、最も多く使います。まずは、for文から紹介します。

for文を使った繰り返し

for文では、forのあとの「( )」に初期設定、条件式、後処理を「; (セミコロン)」区切りで書きます。繰り返し実行する処理は、「{ } (波括弧)」の中にインデントして書きます。

構文
```
for ( 初期設定 ; 条件式 ; 後処理 ) {
    処理 ;
}
```

初期設定、条件式、後処理には、それぞれ次の情報を与えます。

初期設定：初期値を設定します。初期設定は、繰り返しの中で最初に1回だけ実行されます。
条件式　：繰り返しを継続する条件です。条件式がtrue（真）の間、「処理」を繰り返します。
後処理　：「処理」の繰り返しが1回行われるたびに行う処理です。通常はカウンタ（処理回数を管理する数値）の計算を行います。

多くの場合、初期設定で実行回数を数える変数を定義して、条件式で繰り返し回数を判定する式を書き、後処理でカウンタを1ずつ大きくしていきます。

例：数値「10」「20」「30」を要素とする配列を作成して、その配列を参照する配列numに代入する。配列num[i]で変数iの要素番号を変えながら処理を繰り返し、配列numの要素を1つずつ取り出して表示する。

```
int[] num = {10, 20, 30};
for (int i = 0; i < 3; i++) {
    System.out.println(num[i]);
}
```

上の例のプログラムをフローチャートで示します。

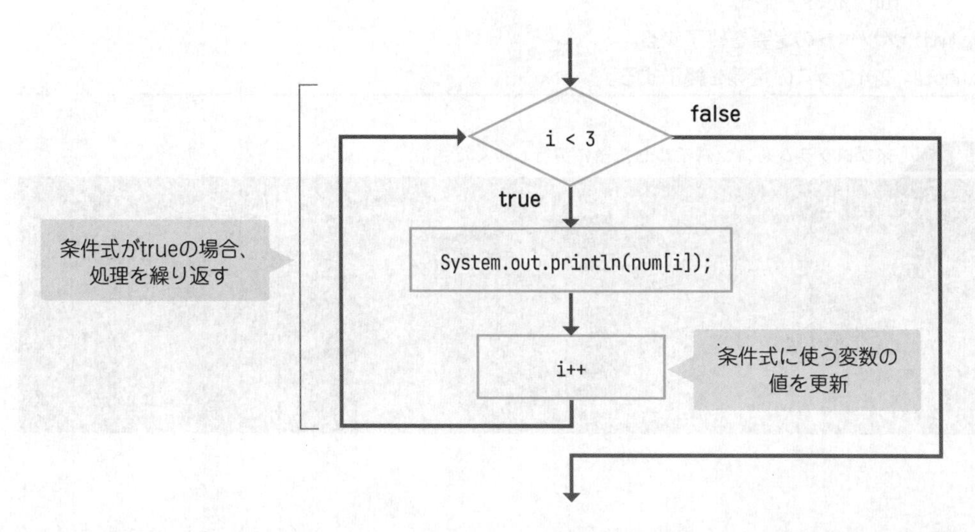

for文は、多くの場合、配列とともに用いられます。配列の要素番号0から順番に、要素数-1の要素番号まで処理を行います。

実践してみよう

次のプログラムは、配列に３つの要素を格納し、繰り返し処理を行ってすべての要素を表示します。

構文の使用例

プログラム：Example4_2_4.java

```
01 class Example4_2_4 {
02     public static void main(String[] args) {
03         int[] num = {10, 20, 30};
04 
05         for (int i = 0; i < num.length; i++) {
06             System.out.println(num[i]);
07         }
08     }
09 }
```

解説

01 Example4_2_4クラスの定義を開始する。
02 mainメソッドの定義を開始する
03 数値「10」「20」「30」を要素とするint型の配列を作成し、その配列を参照するための配列numを宣言して代入する。
04
05 for文を開始する。変数iを宣言して初期値の数値「0」を代入する。変数iの値が配列numの要素数の値より小さい間繰り返す。1回の繰り返しが終わるたびに変数iの値を1加算する。
06 配列num[変数iの値]の値を表示する。
07 for文を終了する。
08 mainメソッドの定義を終了する。
09 Example4_2_4クラスの定義を終了する。

実行結果　※プログラムをコンパイルした後に実行してください

```
C:\Users\FOM出版\Documents\FPT2311\04>javac Example4_2_4.java

C:\Users\FOM出版\Documents\FPT2311\04>java Example4_2_4
10
20
30

C:\Users\FOM出版\Documents\FPT2311\04>
```

5～7行目の部分は、配列をfor文で扱う典型的な方法です。

5行目で**初期設定**は「int i = 0」です。配列の要素番号0から順番に処理していくために、カウンタ（処理回数を管理する数値）として、変数iをint型で宣言して数値「0」を代入します。

```
for (int i = 0; i < num.length; i++) {
```

次は**条件式**「i < num.length」です。「カウンタ用の変数iの値が、配列numの要素数（num.length）より小さいかどうか」という条件式を設定しています。配列numには3つの要素数が格納されていますので、「num.length」は3になります。

配列numは、要素番号0から開始し、「要素数-1」までの要素番号が存在します（「3 − 1」までの要素番号なので2まで存在）。条件式に「変数iが配列numの要素数より小さい」を設定することで、配列の末尾（要素番号2）まで処理を行うことができます。

```
for (int i = 0; i < num.length; i++) {
```

最後は**後処理**「i++」です。カウンタ用の変数iの値を1ずつ増やしています。こうすることで、配列の先頭（要素番号0）から末尾（要素番号2）まで1つずつ処理を行っていくことができます。

```
for (int i = 0; i < num.length; i++) {
```

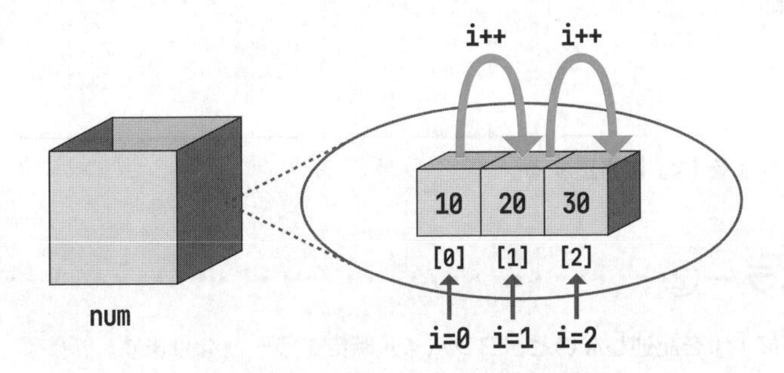

6行目の「num[i]」で、配列numに要素番号を指定して、配列numの値を取り出して表示しています。

```
System.out.println(num[i]);
```

よく起きるエラー①

配列の要素数を超えた要素番号を指定すると、実行時にエラーとなります。

実行結果　※実行時にエラー

```
C:\Users\FOM出版\Documents\FPT2311\04>javac Example4_2_4_e1.java

C:\Users\FOM出版\Documents\FPT2311\04>java Example4_2_4_e1
10
20
30
Exception in thread "main" java.lang.ArrayIndexOutOfBoundsException: Index 3 out of bounds for length 3
        at Example4_2_4_e1.main(Example4_2_4_e1.java:6)

C:\Users\FOM出版\Documents\FPT2311\04>
```

- **エラーの発生場所：6行目「System.out.println(num[i]);」**
- **エラーの意味　　：配列の要素数(=3)を超えた要素番号(=3)を指定している。**

プログラム：Example4_2_4_e1.java

```
01 class Example4_2_4_e1 {
02     public static void main(String[] args) {
03         int[] num = {10, 20, 30};
04
05         for (int i = 0; i <= num.length; i++) {
06             System.out.println(num[i]);
07         }
08     }
09 }
```

「<」とすべきを誤って「<=」と記述した

- **対処方法：5行目の「<=」を「<」に修正する。**

よく起きるエラー②

for文の条件式のあとに「;」を記述しないと、コンパイル時にエラーとなります。

実行結果　※コンパイル時にエラー

```
C:\Users\FOM出版\Documents\FPT2311\04>javac Example4_2_4_e2.java
Example4_2_4_e2.java:5: エラー: ';'がありません
        for (int i = 0; i < num.length: i++) {
                                      ^
Example4_2_4_e2.java:5: エラー: ';'がありません
        for (int i = 0; i < num.length: i++) {
                                           ^
エラー2個

C:\Users\FOM出版\Documents\FPT2311\04>
```

- **エラーの発生場所：5行目「for (int i = 0; i < num.length: i++) { 」**
- **エラーの意味　　：「;」がない。**

プログラム：Example4_2_4_e2.java

```
01 class Example4_2_4_e2 {
02     public static void main(String[] args) {
03         int[] num = {10, 20, 30};
04
05         for (int i = 0; i < num.length: i++) {
06             System.out.println(num[i]);
07         }
08     }
09 }
```

「;」とすべきを誤って「:」と記述した

- **対処方法：5行目の「:」を「;」に修正する。**

Reference

拡張for文

拡張for文は、配列などの全要素に対する繰り返し処理を、従来の記述よりも簡単に記述できるfor文です。

拡張for文を使用した記述	従来の記述

for (変数宣言 : 配列名) {
　処理;
}
	for (初期設定; 条件式; 後処理) {
	　処理;
	}

次のプログラムは、数値「10」「20」「30」を要素とする配列を作成して、その配列を参照する配列numに代入しています。そして、配列numから変数iで要素の値を取り出しながら処理を繰り返し、配列numの要素を1つずつ表示しています。

プログラム：Example4_2_4_r1.java

```
01 class Example4_2_4_r1 {
02     public static void main(String[] args) {
03         int[] num = {10, 20, 30};
04         for (int i: num) {
05             System.out.println(i);
06         }
07     }
08 }
```

実行結果　※プログラムをコンパイルした後に実行してください

```
C:\Users\FOM出版\Documents\FPT2311\04>java Example4_2_4_r1
10
20
30

C:\Users\FOM出版\Documents\FPT2311\04>
```

実習問題①

次の実行結果例となるようなプログラムを作成してください。

実行結果例　※プログラムをコンパイルした後に実行してください

```
C:\Users\FOM出版\Documents\FPT2311\04>javac Example4_2_4_p1.java

C:\Users\FOM出版\Documents\FPT2311\04>java Example4_2_4_p1
**********
C:\Users\FOM出版\Documents\FPT2311\04>
```

「*」を10個横に表示

- **概要　　　　　：文字「*」を10個横に表示する。**
- **実習ファイル：Example4_2_4_p1.java**
- **処理の流れ**
  - **for文を使って、10回処理を繰り返す。**
  - **文字「*」を表示する。なお、表示後に改行しない。**

for文を使い、10回繰り返す条件式を考えてみよう。

解答例

プログラム：Example4_2_4_p1.java

```
01 class Example4_2_4_p1 {
02     public static void main(String[] args) {
03         // 繰り返し処理で"*"を10回表示する
04         for (int i = 0; i < 10; i++) {
05             System.out.print("*");
06         }
07     }
08 }
```

解説

01	Example4_2_4_p1クラスの定義を開始する。
02	mainメソッドの定義を開始する。
03	コメントとして「繰り返し処理で"*"を10回表示する」を記述する。
04	for文を開始する。変数iを宣言して初期値の数値「0」を代入する。変数iの値が数値「10」の値より小さい間繰り返す。1回の繰り返しが終わるたびに変数iの値を1加算する。
05	文字「*」を表示する。なお、表示後に改行しない。

```
06          for文を終了する。
07      mainメソッドの定義を終了する。
08  Example4_2_4_p1クラスの定義を終了する。
```

4行目でfor文による繰り返し処理を開始します。変数iを宣言して、初期値として数値「0」を代入します。

繰り返し処理は、変数iの値が数値「10」の値より小さい間、5行目の「System.out.print("*");」の処理を繰り返すことになります。

繰り返し処理の1回目は条件式「i < 10」を判定します。変数iには数値「0」が格納されていますので、「0 < 10」を判定して結果はtrueになります。よって、5行目で文字「*」を表示します。なお、表示後に改行しません。

1回の繰り返しが終わるたびに変数iの値を1加算します。次に繰り返し処理は2回目に移ります。

このような流れで、4～6行目は10回処理を繰り返します。10回の繰り返し処理を行った結果、表示内容は「**********」(10個の「*」を表示)になります。

4行目の条件式と、5行目を実行後の表示内容は、次のような流れで処理します

4行目の条件式と、5行目を実行後の表示内容

繰り返し処理	4行目の条件式	5行目を実行後の表示内容
1回目	0 < 10 … trueになる	*
2回目	1 < 10 … trueになる	**
3回目	2 < 10 … trueになる	***
4回目	3 < 10 … trueになる	****
5回目	4 < 10 … trueになる	*****
6回目	5 < 10 … trueになる	******
7回目	6 < 10 … trueになる	*******
8回目	7 < 10 … trueになる	********
9回目	8 < 10 … trueになる	*********
10回目	9 < 10 … trueになる	**********
11回目	10 < 10 … falseになる	※実行しない

System.out.print()メソッドを使うことで、改行なしで表示しているよ。そうすれば1行の中に文字を表示できるよ。

実習問題②

次の実行結果例となるようなプログラムを作成してください。

実行結果例　※プログラムをコンパイルした後に実行してください

```
C:\Users\FOM出版\Documents\FPT2311\04>javac Example4_2_4_p2.java

C:\Users\FOM出版\Documents\FPT2311\04>java Example4_2_4_p2
おはよう こんにちは こんばんは
C:\Users\FOM出版\Documents\FPT2311\04>
```

- **概要　　　　　：文字列「おはよう」「こんにちは」「こんばんは」を横に並べて表示する。**
- **実習ファイル　：Example4_2_4_p2.java**
- **処理の流れ**
  - ・要素数3のString型の配列を作成する。
  - ・配列の各要素に、文字列「おはよう」「こんにちは」「こんばんは」を代入する。
  - ・for文を使って3回処理を繰り返し、配列の要素をすべて表示する。なお、表示する各要素の間には半角スペースを入れ、表示後に改行しない。

解答例

プログラム：Example4_2_4_p2.java

```
01 class Example4_2_4_p2 {
02     public static void main(String[] args) {
03         // 配列を作成
04         String[] greeting = new String[3];
05 
06         // 配列の各要素に値を代入
07         greeting[0] = "おはよう";
08         greeting[1] = "こんにちは";
09         greeting[2] = "こんばんは";
10 
11         // 配列の各要素を表示
12         for (int i = 0; i < greeting.length; i++) {
13             System.out.print(greeting[i] + " ");
14         }
15     }
16 }
```

解説

01	Example4_2_4_p2クラスの定義を開始する。
02	mainメソッドの定義を開始する。
03	コメントとして「配列を作成」を記述する。
04	要素数3のString型の配列を作成し、その配列を参照するための配列greetingを宣言して代入する。
05	
06	コメントとして「配列の各要素に値を代入」を記述する。
07	配列greetingの1番目の要素に文字列「おはよう」を代入する。
08	配列greetingの2番目の要素に文字列「こんにちは」を代入する。
09	配列greetingの3番目の要素に文字列「こんばんは」を代入する。
10	
11	コメントとして「配列の各要素を表示」を記述する。
12	for文を開始する。変数iを宣言して初期値の数値「0」を代入する。変数iの値が配列greetingの要素数の値より小さい間繰り返す。1回の繰り返しが終わるたびに変数iの値を1加算する。
13	配列greeting[変数iの値]の値と半角スペースを連結して表示する。なお、表示後に改行しない。
14	for文を終了する。
15	mainメソッドの定義を終了する。
16	Example4_2_4_p2クラスの定義を終了する。

配列とfor文は、複数の似たようなデータを扱うときには定番の組み合わせだよ。

12行目でfor文による繰り返し処理を開始します。変数iを宣言して、初期値として数値「0」を代入します。

繰り返し処理は、変数iの値が配列greetingの要素数である「3」の値より小さい間、13行目の「System.out.print(greeting[i] + " ");」の処理を繰り返すことになります。なお、配列greetingには、7～9行目で3つの要素が格納されていますので、要素数は「3」になります。

繰り返し処理の1回目は条件式「i < 3」を判定します。変数iには数値「0」が格納されていますので、「0 < 3」を判定して結果はtrueになります。よって、13行目で「greeting[0]の値」である「おはよう」と文字列「 」を連結して表示します。なお、表示後に改行しません。

1回の繰り返しが終わるたびに変数iの値を1加算します。次に繰り返し処理は2回目に移ります。

このような流れで、12～14行目は3回処理を繰り返します。3回の繰り返し処理を行った結果、表示内容は「おはよう こんにちは こんばんは 」になります。

12行目の条件式と、13行目を実行後の表示内容は、次のような流れで処理します。

12～14行目の処理

```
12        for (int i = 0; i < greeting.length; i++) {
13            System.out.print(greeting[i] + " ");
14        }
```

12行目の条件式と、13行目を実行後の表示内容

繰り返し処理	12行目の条件式	13行目を実行後の表示内容
1回目	0 < 3 … trueになる	おはよう
2回目	1 < 3 … trueになる	おはよう こんにちは
3回目	2 < 3 … trueになる	おはよう こんにちは こんばんは
4回目	3 < 3 … falseになる	※実行しない

実習問題③

次の実行結果例となるようなプログラムを作成してください。

実行結果例　※プログラムをコンパイルした後に実行してください

```
C:\Users\FOM出版\Documents\FPT2311\04>javac Example4_2_4_p3.java

C:\Users\FOM出版\Documents\FPT2311\04>java Example4_2_4_p3
おはよう こんにちは こんばんは
おはよう こんにちは こんばんは
おはよう こんにちは こんばんは
おはよう こんにちは こんばんは
おはよう こんにちは こんばんは

C:\Users\FOM出版\Documents\FPT2311\04>
```

- **概要　　：文字列「おはよう」「こんにちは」「こんばんは」を横に並べて表示する。これを5行分繰り返す。**
- **実習ファイル：Example4_2_4_p3.java**
- **処理の流れ**
  - **実習問題②で完成したプログラム（Example4_2_4_p2.java）をコピーして、ファイル名を「Example4_2_4_p3.java」にする。**
  - **実習問題②で作成した「おはよう こんにちは こんばんは」の表示内容について、これをfor文を使って5回処理を繰り返して表示する。なお、各1行を表示するたびに改行する。**

解答例

プログラム：Example4_2_4_p3.java

```
01 class Example4_2_4_p3 {
02     public static void main(String[] args) {
03         // 配列を作成
04         String[] greeting = new String[3];
05 
06         // 配列の各要素に値を代入
07         greeting[0] = "おはよう";
08         greeting[1] = "こんにちは";
09         greeting[2] = "こんばんは";
10 
11         // 配列の各要素を5回繰り返し表示
12         for (int i = 0; i < 5; i++) {
13             for (int j = 0; j < greeting.length; j++) {
14                 System.out.print(greeting[j] + " ");
15             }
16             System.out.println();
17         }
18     }
19 }
```

解説

01	Example4_2_4_p3クラスの定義を開始する。
02	mainメソッドの定義を開始する。
03	コメントとして「配列を作成」を記述する。
04	要素数3のString型の配列を作成し、その配列を参照するための配列greetingを宣言して代入する。
05	
06	コメントとして「配列の各要素に値を代入」を記述する。
07	配列greetingの1番目の要素に文字列「おはよう」を代入する。
08	配列greetingの2番目の要素に文字列「こんにちは」を代入する。
09	配列greetingの3番目の要素に文字列「こんばんは」を代入する。
10	
11	コメントとして「配列の各要素を5回繰り返し表示」を記述する。
12	外側のfor文を開始する。変数iを宣言して初期値の数値「0」を代入する。変数iの値が数値「5」より小さい間繰り返す。1回の繰り返しが終わるたびに変数iの値を1加算する。
13	内側のfor文を開始する。変数jを宣言して初期値の数値「0」を代入する。変数jの値が配列greetingの要素数の値より小さい間繰り返す。1回の繰り返しが終わるたびに変数iの値を1加算する。
14	配列greeting[変数jの値]の値と半角スペースを連結して表示する。なお、表示後に改行しない。

15	内側のfor文を終了する。
16	改行する。
17	外側のfor文を終了する。
18	mainメソッドの定義を終了する。
19	Example4_2_4_p3クラスの定義を終了する。

12〜17行目のfor文による繰り返し処理は、for文の中に、さらにfor文があるという、for文の入れ子になっています。for文を入れ子にすることで、繰り返し処理の、さらに繰り返し処理を行うことができます。

注意すべきポイントとしては、繰り返しを判定する変数名を変えることです。12〜17行目の外側のfor文では変数名をiとし、13〜15行目の内側のfor文では変数名をjとしています。

12行目でfor文による外側の繰り返し処理を開始します。変数iを宣言して、初期値として数値「0」を代入します。

外側の繰り返し処理は、変数iの値が数値「5」より小さい間、13〜16行目の処理を繰り返すことになります。外側の繰り返し処理の1回目は条件式「i < 5」を判定します。変数iには数値「0」が格納されていますので、「0 < 5」を判定して結果はtrueになります。よって、実習問題②で完成したプログラムの内側の繰り返し処理部分である13〜15行目を実行して「おはよう こんにちは こんばんは 」を連結して表示します。16行目を実行して改行します。外側の1回の繰り返しが終わるたびに変数iの値を1加算します。次に繰り返し処理は2回目に移ります。

このような流れで、12〜17行目の外側の繰り返し処理は、5回処理を繰り返します。5回の外側の繰り返し処理を行った結果、表示内容は「おはよう こんにちは こんばんは 」を5行表示することになります。

実習問題④

次の実行結果例となるようなプログラムを作成してください。

実行結果例　※プログラムをコンパイルした後に実行してください

```
C:\Users\FOM出版\Documents\FPT2311\04>javac Example4_2_4_p4.java

C:\Users\FOM出版\Documents\FPT2311\04>java Example4_2_4_p4
総和 : 571
平均 : 57.1

C:\Users\FOM出版\Documents\FPT2311\04>
```

- 概要　　　　　　：配列dataに格納した要素である数値「78, 65, 78, 21, 93, 45, 33, 55, 22, 81」の総和（int型）と平均値（double型）を計算し、結果を表示する。
- 実習ファイル　　：Example4_2_4_p4.java
- 処理の流れ
  - 配列dataの要素に数値「78」「65」「78」「21」「93」「45」「33」「55」「22」「81」を格納する。
  - for文を使って、配列dataの要素の総和を求める（int型のデータとして求める）。
  - 求めた総和を配列dataの要素数で割り、平均値を求める（double型のデータとして求める）。
  - 総和と平均値を「総和：」「平均：」と見出しを付けて表示する。
- 補足
  - 平均値はdouble型のため、「（平均値）＝（double）（総和）/（要素数）」のようにデータ型の変換が必要になる。

解答例

プログラム：Example4_2_4_p4.java

```
01 class Example4_2_4_p4 {
02     public static void main(String[] args) {
03         // 配列を作成
04         int[] data = {78, 65, 78, 21, 93, 45, 33, 55, 22, 81};
05 
06         // 変数の宣言
07         int sum = 0;
08         double ave = 0.0;
09 
10         // 総和を求める
11         for (int i = 0; i < data.length; i++) {
12             sum += data[i];
13         }
14         // 平均を求める
15         ave = (double)sum / data.length;
16 
17         // 総和と平均を表示
18         System.out.println("総和 : " + sum);
19         System.out.println("平均 : " + ave);
20     }
21 }
```

解説

01 Example4_2_4_p4クラスの定義を開始する。
02 　mainメソッドの定義を開始する。
03 　　コメントとして「配列を作成」を記述する。

04	数値「78」「65」「78」「21」「93」「45」「33」「55」「22」「81」を要素とするint型の配列を作成し、その配列を参照するための配列dataを宣言して代入する。
05	
06	コメントとして「変数の宣言」を記述する。
07	int型の変数sumを宣言し、数値「0」を代入する。
08	double型の変数aveを宣言し、数値「0.0」を代入する。
09	
10	コメントとして「総和を求める」を記述する。
11	for文を開始する。変数iを宣言して初期値の数値「0」を代入する。変数iの値が配列dataの要素数の値より小さい間繰り返す。1回の繰り返しが終わるたびに変数iの値を1加算する。
12	変数sumに、変数sumの値と配列data[変数iの値]の値を足した結果を代入する。
13	for文を終了する。
14	コメントとして「平均を求める」を記述する。
15	変数aveに、変数sumの値をdouble型に変換した値を、配列dataの要素数の値で割った結果を代入する。
16	
17	コメントとして「総和と平均を表示」を記述する。
18	文字列「総和 : 」と変数sumの値を連結して表示する。
19	文字列「平均 : 」と変数aveの値を連結して表示する。
20	mainメソッドの定義を終了する。
21	Example4_2_4_p4クラスの定義を終了する。

4行目で、配列dateには、次のような値が格納されます。

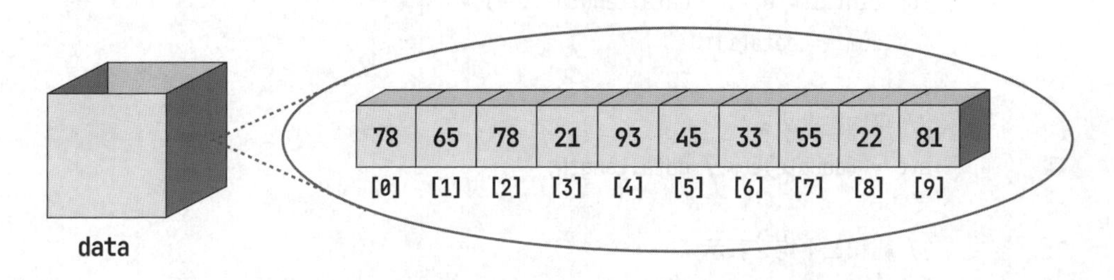

11行目でfor文による繰り返し処理を開始します。変数iを宣言して、初期値として数値「0」を代入します。

繰り返し処理は、変数iの値が配列dataの要素数である「10」の値より小さい間、12行目の「sum += data[i];」の処理を繰り返すことになります。なお、配列dateには、4行目で10個の要素が格納されていますので、要素数は「10」になります。

繰り返し処理の1回目は条件式「i < 10」を判定します。変数iには数値「0」が格納されていますので、「0 < 10」を判定して結果はtrueになります。よって、12行目で「sum += data[i];」を実行します。

これは「sum = sum + data[i]；」を実行するのと同じで、「sum = 0 + data[0]；」と実行して「sum = 0 + 78」になるので、変数sumには数値「78」が格納されます。

1回の繰り返しが終わるたびに変数iの値を1加算します。次に繰り返し処理は2回目に移ります。

このような流れで、11〜13行目は10回処理を繰り返します。10回の繰り返し処理を行った結果、変数sumの値は「571」になります。

11〜13行目の処理

```
11        for (int i = 0; i < data.length; i++) {
12            sum += data[i]; •── sum = sum + data[i]; を実行するのと同じ
13        }
```

繰り返しの1回目	sum = 0 + data[0]; → 78	繰り返しの6回目	sum = 335 + data[5]; → 45
繰り返しの2回目	sum = 78 + data[1]; → 65	繰り返しの7回目	sum = 380 + data[6]; → 33
繰り返しの3回目	sum = 143 + data[2]; → 78	繰り返しの8回目	sum = 413 + data[7]; → 55
繰り返しの4回目	sum = 221 + data[3]; → 21	繰り返しの9回目	sum = 468 + data[8]; → 22
繰り返しの5回目	sum = 242 + data[4]; → 93	繰り返しの10回目	sum = 490 + data[9]; → 81

15行目で「ave = (double)sum / data.length;」を実行して、平均値を求めています。

この時点で変数sumには数値「571」が格納されており、配列dataの要素数は「10」であるため、「ave = (double)571 / 10」を実行します。

数値「571」をdouble型のデータに変換して「571.0」として、次のような手順で変数aveの値「57.1」を求めていきます。

```
ave = (double)571 / 10 ➡ ave = 571.0 / 10 ➡ ave = 57.1
```

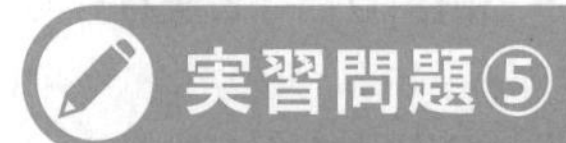

実習問題⑤

次の実行結果例となるようなプログラムを作成してください。

実行結果例　※プログラムをコンパイルした後に実行してください

```
C:\Users\FOM出版\Documents\FPT2311\04>javac Example4_2_4_p5.java

C:\Users\FOM出版\Documents\FPT2311\04>java Example4_2_4_p5
最大値 : 93
最小値 : 21

C:\Users\FOM出版\Documents\FPT2311\04>
```

- **概要**　：**配列dataに格納した要素である数値「78, 65, 78, 21, 93, 45, 33, 55, 22, 81」のうち、最大値と最小値を求めて、結果を表示する。**
- **実習ファイル**　：**Example4_2_4_p5.java**
- **処理の流れ**
  - **配列dataの要素に数値「78」「65」「78」「21」「93」「45」「33」「55」「22」「81」を格納する。**
  - **for文を使って、配列dataの要素から最大値と最小値を求める。**
  - **最大値と最小値を「最大値：」「最小値：」と見出しを付けて表示する。**

解答例

プログラム：Example4_2_4_p5.java

```
01 class Example4_2_4_p5 {
02     public static void main(String[] args) {
03         // 配列を作成
04         int[] data = {78, 65, 78, 21, 93, 45, 33, 55, 22, 81};
05 
06         // 変数の宣言、要素番号0の値を代入
07         int max = data[0];
08         int min = data[0];
09 
10         // 最大値と最小値を求める
11         for (int i = 1; i < data.length; i++) {
12             if (data[i] > max) {
13                 max = data[i];
14             } else if (data[i] < min) {
15                 min = data[i];
16             }
17         }
18 
```

```
19        // 最大値と最小値を表示
20        System.out.println("最大値 : " + max);
21        System.out.println("最小値 : " + min);
22    }
23 }
```

解説

01 Example4_2_4_p5クラスの定義を開始する。
02 　mainメソッドの定義を開始する。
03 　　コメントとして「配列を作成」を記述する。
04 　　数値「78」「65」「78」「21」「93」「45」「33」「55」「22」「81」を要素とするint型の配列を作成し、その配列を参照するための配列dataを宣言して代入する。
05
06 　　コメントとして「変数の宣言、要素番号0の値を代入」を記述する。
07 　　int型の変数maxを宣言し、配列[0]の値を代入する。
08 　　int型の変数minを宣言し、配列[0]の値を代入する。
09
10 　　コメントとして「最大値と最小値を求める」を記述する。
11 　　for文を開始する。変数iを宣言して初期値の数値「1」を代入する。変数iの値が配列dataの要素数の値より小さい間繰り返す。1回の繰り返しが終わるたびに変数iの値を1加算する。
12 　　　if文を開始する。配列[変数iの値]の値が、変数maxの値より大きい場合、次の処理を実行する。
13 　　　　変数maxに、配列data[変数iの値]の値を代入する。
14 　　　そうではなく配列[変数iの値]の値が、変数minの値より小さい場合、次の処理を実行する
15 　　　　変数minに、配列data[変数iの値]の値を代入する。
16 　　　if文を終了する。
17 　　for文を終了する。
18
19 　　コメントとして「最大値と最小値を表示」を記述する。
20 　　文字列「最大値 : 」と変数maxの値を連結して表示する。
21 　　文字列「最小値 : 」と変数minの値を連結して表示する。
22 　mainメソッドの定義を終了する。
23 Example4_2_4_p5クラスの定義を終了する。

4行目で、配列dateには、次のような値が格納されます。

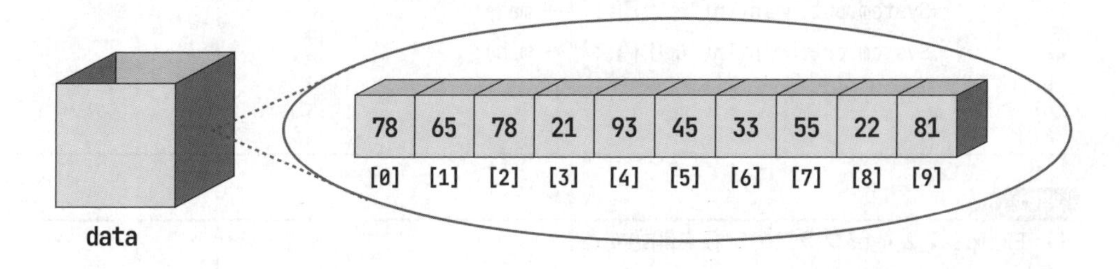

11行目でfor文による繰り返し処理を開始します。変数iを宣言して、初期値として数値「1」を代入します。

繰り返し処理は、変数iの値が配列dataの要素数である「10」の値より小さい間、12～16行目の処理を繰り返すことになります。なお、配列dateには、4行目で10個の要素が格納されていますので、要素数は「10」になります。

繰り返し処理の1回目は条件式「i < 10」を判定します。変数iには数値「1」が格納されていますので、「1 < 10」を判定して結果はtrueになります。よって、12～16行目でif文を実行します。if文には12行目「if (data[i] > max)」の条件式「data[i] > max」と、14行目「else if (data[i] < min)」の条件式「data[i] < min」があります。それぞれ条件式がtrue（真）になった場合の処理を13行目と15行目で実行します。

1回の繰り返しが終わるたびに変数iの値を1加算します。次に繰り返し処理は2回目に移ります。

このような流れで、11～17行目は9回処理を繰り返します。9回の繰り返し処理を行った結果、最大値「93」と最小値「21」が求まります。

変数maxは最大値を格納する変数です。7行目で初期値として「data[0]」を代入しており、配列dataの要素番号0の値「78」を格納しています。

変数minは最小値を格納する変数です。8行目で初期値として「data[0]」を代入しており、配列dataの要素番号0の値「78」を格納しています。

9回の繰り返し処理を実行して、変数maxで最大値を求める12～14行目に注目します。最大値を求める変数maxに格納される値は、次のように変化し、最大値として「93」が求まります。

11～17行目の処理

```
11        for (int i = 1; i < data.length; i++) {
12            if (data[i] > max) {
13                max = data[i];
14            } else if (data[i] < min) {
15                min = data[i];
16            }
17        }
```

繰り返し処理	11行目の条件式	12行目の条件式	13行目を実行後の変数maxの値
1回目	1 < 10 …trueになる	date[1] > max …(65 > 78) ※false	※実行しない（値「78」のまま）
2回目	2 < 10 …trueになる	date[2] > max …(78 > 78) ※false	※実行しない（値「78」のまま）
3回目	3 < 10 …trueになる	date[3] > max …(21 > 78) ※false	※実行しない（値「78」のまま）
4回目	4 < 10 …trueになる	date[4] > max …(93 > 78) ※true	値「93」に更新
5回目	5 < 10 …trueになる	date[5] > max …(45 > 93) ※false	※実行しない（値「93」のまま）
6回目	6 < 10 …trueになる	date[6] > max …(33 > 93) ※false	※実行しない（値「93」のまま）
7回目	7 < 10 …trueになる	date[7] > max …(55 > 93) ※false	※実行しない（値「93」のまま）
8回目	8 < 10 …trueになる	date[8] > max …(22 > 93) ※false	※実行しない（値「93」のまま）
9回目	9 < 10 …trueになる	date[9] > max …(81 > 93) ※false	※実行しない（値「93」のまま）
10回目	10 < 10 …false	※実行しない	

次に、同じ9回の繰り返し処理を実行して、変数minで最小値を求める14～16行目に注目します。最小値を求める変数minに格納される値は、次のように変化し、最小値として「21」が求まります。

11～17行目の処理

```
11        for (int i = 1; i < data.length; i++) {
12            if (data[i] > max) {
13                max = data[i];
14            } else if (data[i] < min) {
15                min = data[i];
16            }
17        }
```

繰り返し処理	11行目の条件式	14行目の条件式	15行目を処理後の変数minの値
1回目	1 < 10 …trueになる	date[1] < min …(65 < 78) ※true	値「65」に更新
2回目	2 < 10 …trueになる	date[2] < min …(78 < 65) ※false	※実行しない（値「65」のまま）
3回目	3 < 10 …trueになる	date[3] < min …(21 < 65) ※true	値「21」に更新
4回目	4 < 10 …trueになる	date[4] < min …(93 < 21) ※false	※実行しない（値「21」のまま）
5回目	5 < 10 …trueになる	date[5] < min …(45 < 21) ※false	※実行しない（値「21」のまま）
6回目	6 < 10 …trueになる	date[6] < min …(33 < 21) ※false	※実行しない（値「21」のまま）
7回目	7 < 10 …trueになる	date[7] < min …(55 < 21) ※false	※実行しない（値「21」のまま）
8回目	8 < 10 …trueになる	date[8] < min …(22 < 21) ※false	※実行しない（値「21」のまま）
9回目	9 < 10 …trueになる	date[9] < min …(81 < 21) ※false	※実行しない（値「21」のまま）
10回目	10 < 10 …falseになる	※実行しない	

4-2-5 while文

while文は、for文と同じように、指定した条件を満たしている間、処理を繰り返します。while文では、for文のように初期設定や後処理を記述する部分がありませんので、忘れないように記述する必要があります。

while文を使った繰り返し

whileのあとの「( )」に条件式を書きます。繰り返し実行する処理は、「{ } (波括弧)」の中にインデントして書きます。

構文
```
while ( 条件式 ) {
    処理 ;
}
```

条件式には、次の情報を与えます。

条件式：繰り返しを継続する条件です。この条件がtrue（真）の間、「処理」を繰り返します。

例：変数numに数値「1」を代入する。変数numの値が数値「3」以下の間繰り返す。繰り返す間、文字列「Hello」を表示して、変数numの値に数値「1」を足した結果を変数numに代入する。

```
int num = 1;
while (num <= 3) {
    System.out.println("Hello");
    num += 1;
}
```

上の例のプログラムをフローチャートで示します。

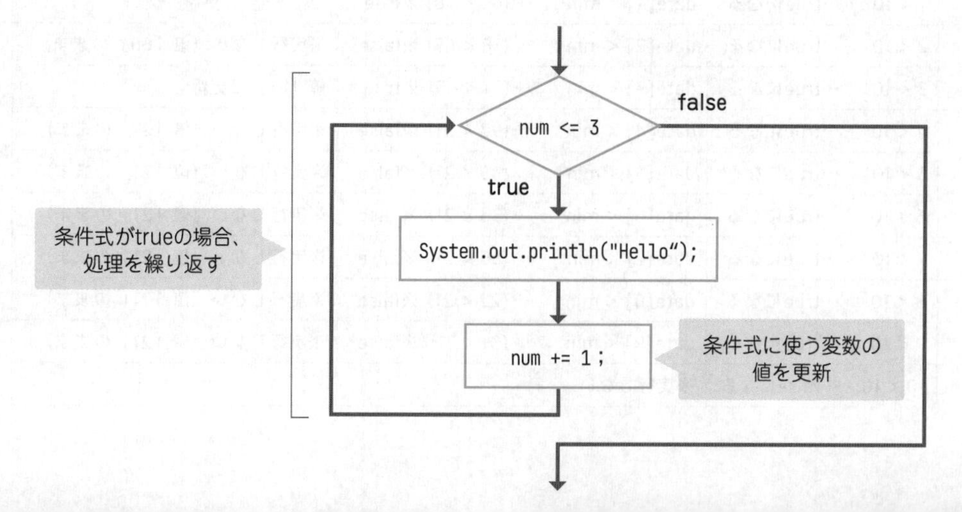

while文を使った繰り返しでは、繰り返し処理の中で条件式に使う値を更新する必要があります。例に挙げた繰り返しは、フローチャートでこのように表せます。繰り返し処理の中で変数numの値に数値「1」を足すため、4回目の繰り返し処理で変数numに数値「4」が代入された状態となることで、繰り返し処理が終了します。

実践してみよう

次のプログラムでは、繰り返し処理の中で、条件式に使った変数の値と文字列を連結させたうえで、表示しています。

構文の使用例

プログラム：Example4_2_5.java

```
01 class Example4_2_5 {
02     public static void main(String[] args) {
03         int num = 1;
04 
05         while (num <= 3) {
06             System.out.println(num + "回目の繰り返し");
07             num += 1;
08         }
09     }
10 }
```

解説

```
01 Example4_2_5クラスの定義を開始する。
02     mainメソッドの定義を開始する
03         int型の変数numを宣言して、数値「1」を代入する。
04 
05         while文を開始する。変数numの値が数値「3」以下の間繰り返す。
06             変数numの値と文字列「回目の繰り返し」を連結して表示する。
07             変数numの値を1加算する。
08         while文を終了する。
09     mainメソッドの定義を終了する。
10 Example4_2_5クラスの定義を終了する。
```

実行結果 ※プログラムをコンパイルした後に実行してください

```
C:\Users\FOM出版\Documents\FPT2311\04>javac Example4_2_5.java

C:\Users\FOM出版\Documents\FPT2311\04>java Example4_2_5
1回目の繰り返し
2回目の繰り返し
3回目の繰り返し

C:\Users\FOM出版\Documents\FPT2311\04>
```

3行目で、while文の条件式で使う変数numを宣言して、初期値として数値「1」を代入します。

5行目でwhile文による繰り返し処理を開始します。

繰り返し処理は、変数numの値が数値「3」以下の間、6行目の「System.out.println(num + "回目の繰り返し");」と7行目の「num += 1;」の処理を繰り返すことになります。

繰り返し処理の1回目は条件式「num <= 3」を判定します。変数numには数値「1」が格納されていますので、「1 < 3」を判定して結果はtrueになります。よって、6行目で文字「1回目の繰り返し」を表示します。そして、7行目で変数numの値を1増やして「2」にします。次に繰り返し処理は2回目に移ります。

このような流れで、5～8行目は3回処理を繰り返します。3回の繰り返し処理を行った結果、表示内容は「1回目の繰り返し」「2回目の繰り返し」「3回目の繰り返し」になります。

5～8行目の処理

```
05        while (num <= 3) {
06            System.out.println(num + "回目の繰り返し");
07            num += 1;
08        }
```

5行目の条件式と、6行目を実行後の表示内容は、次のような流れで処理します。

5行目の条件式と、6行目を実行後の表示内容

繰り返し処理	5行目の条件式	6行目を実行後の表示内容
1回目	1 <= 3 … trueになる	1回目の繰り返し
2回目	2 <= 3 … trueになる	1回目の繰り返し 2回目の繰り返し
3回目	3 <= 3 … trueになる	1回目の繰り返し 2回目の繰り返し 3回目の繰り返し
4回目	4 <= 3 … falseになる	※実行しない

よく起きるエラー

繰り返し処理の中で、条件式に使う値の更新を忘れてしまうと、繰り返し処理が無限に続いてしまいます（プログラムが止まらない状態）。

実行結果　※実行時にエラー（思い通りに動作しない）

```
C:\Users\FOM出版\Documents\FPT2311\04>javac Example4_2_5_e1.java

C:\Users\FOM出版\Documents\FPT2311\04>java Example4_2_5_e1
1回目の繰り返し
1回目の繰り返し
1回目の繰り返し
1回目の繰り返し
1回目の繰り返し
1回目の繰り返し
1回目の繰り返し
1回目の繰り返し
```

無限に「1回目の繰り返し」が表示される

- **問題の発生場所：5行目のwhile文の条件式がtrueのまま変わらない状態になっている。**

プログラム：Example4_2_5_e1.java

```
01 class Example4_2_5_e1 {
02     public static void main(String[] args) {
03         int num = 1;
04 
05         while (num <= 3) {
06             System.out.println(num + "回目の繰り返し");
07         }
08     }
09 }
```

5行目：変数numの値が更新されず、条件式の判定結果がfalseにならない

- **対処方法：6行目と7行目の間に「num += 1;」を追加する。**

```
1回目の繰り返し
1回目の繰り返し
1回目の繰り返し
1回目の繰り返し
1回目の繰り返し
1回目の繰り返し
1回目の繰り返し
^C
C:\Users\FOM出版\Documents\FPT2311\04>
```

Ctrl＋Cを押して処理を停止させる

while文はfor文と違い、後処理を自分で意識して書かないと無限ループになるよ。注意しないといけないね。

Reference

無限ループ

while文では、条件式に使う変数の値を更新しないと、無限に処理を繰り返す処理（**無限ループ**）になってしまいます。条件式の値がfalse（偽）になれば、繰り返し処理を抜けることができますが、true（真）の間は何度でも処理を繰り返します。

ただし、仮に無限ループをさせるプログラムを作成したいという場合には、「while (true)」と記述することで実現できます。while文の条件式は、boolean型の値であるtrue（真）の間、処理を繰り返すことになりますので、明示的に「true」を記述します。例えばゲームのプログラムでは、一定時間ごとにずっと描画を繰り返します。こうした終わりのない繰り返し処理では、このような記述を明示的にすることがあります。

プログラム：Example4_2_5_r1.java

```
01 class Example4_2_5_r1 {
02     public static void main(String[] args) {
03         int num = 1;
04         while (true) {
05             System.out.println(num + "回目の繰り返し");
06             num += 1;
07         }
08     }
09 }
```

実行結果　※プログラムをコンパイルした後に実行してください

```
C:\Users\FOM出版\Documents\FPT2311\04>javac Example4_2_5_r1.java

C:\Users\FOM出版\Documents\FPT2311\04>java Example4_2_5_r1
1回目の繰り返し
2回目の繰り返し
3回目の繰り返し
4回目の繰り返し
5回目の繰り返し
6回目の繰り返し
7回目の繰り返し
8回目の繰り返し
9回目の繰り返し
10回目の繰り返し
11回目の繰り返し
12回目の繰り返し
13回目の繰り返し
14回目の繰り返し
15回目の繰り返し
16回目の繰り返し
17回目の繰り返し
18回目の繰り返し
19回目の繰り返し
20回目の繰り返し
21回目の繰り返し
```

※無限ループを停止するには、Ctrl + C を押してください。

次の実行結果例となるようなプログラムを作成してください。

実行結果例　※プログラムをコンパイルした後に実行してください

```
C:\Users\FOM出版\Documents\FPT2311\04> javac Example4_2_5_p1.java

C:\Users\FOM出版\Documents\FPT2311\04> java Example4_2_5_p1
3
9
6
2
8
0
2
5
4
8
1
4
累計 : 52

C:\Users\FOM出版\Documents\FPT2311\04>
```

- **概要**　：ランダムに取得した整数値を、その値を累計して50を超えるまで表示する。最後に累計した値を表示する。
- **実習ファイル**：Example4_2_5_p1.java
- **処理の流れ**
  - ・while文を使って、ランダムに取得した整数値の累計が50を超えるまで、処理を繰り返す。
  - ・Mathクラスの「random()」メソッドを使って、ランダムな値を取得してint型に変換し、表示する。
  - ・while文による繰り返し処理を抜けた後、累計した値を表示する。
- **補足**
  - ・ランダムな数値を取得する場合は、「Math.random()」を使用する。戻り値は、0から1未満のdouble型の値になるので、10倍してからint型の値に変換し、整数の値にすることができる。

  記述例）　num = (int)(Math.random() * 10);

  変換例）　double型の値「0.712…」　→10倍してからint型の値に変換すると「7」になる
  　　　　　double型の値「0.051…」　→10倍してからint型の値に変換すると「0」になる
  　　　　　double型の値「0.932…」　→10倍してからint型の値に変換すると「9」になる

解答例

プログラム：Example4_2_5_p1.java

```
01 class Example4_2_5_p1 {
02     public static void main(String[] args) {
03         // 変数の宣言
```

```
04         int num = 0;
05         int total = 0;
06 
07         // 繰り返し処理で累計を求める
08         while (total <= 50) {
09             num = (int)(Math.random() * 10);
10             System.out.println(num);
11             total += num;
12         }
13 
14         // 累計を表示
15         System.out.println("累計 : " + total);
16     }
17 }
```

解説

01	Example4_2_5_p1クラスの定義を開始する。
02	mainメソッドの定義を開始する。
03	コメントとして「変数の宣言」を記述する。
04	int型の変数numを宣言し、数値[0]を代入する。
05	int型の変数totalを宣言し、数値[0]を代入する。
06	
07	コメントとして「繰り返し処理で累計を求める」を記述する。
08	while文を開始する。変数numの値が数値「50」以下の間繰り返す。
09	変数numに、Mathクラスのメソッド「random()」を使用してランダムな値を取得し、数値「10」でかけた結果をint型に変換して代入する。
10	変数numの値を表示する。
11	変数totalに、変数totalの値に変数numの値を足した結果を代入する。
12	while文を終了する。
13	
14	コメントとして「累計を表示」を記述する。
15	文字列「累計 : 」と変数totalの値を連結して表示する。
16	mainメソッドの定義を終了する。
17	Example4_2_5_p1クラスの定義を終了する。

8行目でwhile文の条件式「total <= 50」がtrue（真）の間、9～11行目の処理を繰り返します。

変数totalの値は、5行目で数値「0」が格納されています。

8～12行目の繰り返し処理は、変数totalが数値「50」以下の間繰り返すので、変数totalが数値「51」以上になった時点で終了します。次のような流れで、8～12行目は処理を繰り返します。なお、9～11行目を実行する流れを示します。

8~12行目の処理

```
08        while (total <= 50) {
09            num = (int)(Math.random() * 10);
10            System.out.println(num);
11            total += num;
12        }
```

繰り返しの1回目	num = 3 3を表示 total = 0 + 3	繰り返しの7回目	num = 2 2を表示 total = 28 + 2
繰り返しの2回目	num = 9 9を表示 total = 3 + 9	繰り返しの8回目	num = 5 5を表示 total = 30 + 5
繰り返しの3回目	num = 6 6を表示 total = 12 + 6	繰り返しの9回目	num = 4 4を表示 total = 35 + 4
繰り返しの4回目	num = 2 2を表示 total = 18 + 2	繰り返しの10回目	num = 8 8を表示 total = 39 + 8
繰り返しの5回目	num = 8 8を表示 total = 20 + 8	繰り返しの11回目	num = 1 1を表示 total = 47 + 1
繰り返しの6回目	num = 0 0を表示 total = 28 + 0	繰り返しの12回目	num = 4 4を表示 total = 48 + 4

繰り返し処理の12回目で変数totalの値が「52」となり、この時点で繰り返しを抜ける条件である「51」以上になったため、while文の繰り返しの13回目の条件式はfalseになり、繰り返し処理を終了しています。なお、9行目の「Math.random()」はランダムな数値を取得するので、このプログラムを実行するたびに、実行結果は異なります。

4-2-6 do~while文

do-while文は、指定した条件を満たしている間、処理を繰り返します。while文との違いは、必ず処理を1回実行し、条件式をそのあとに判定することです。

do～while文を使った繰り返し

繰り返し実行する処理は、doのあとの「{ }（波括弧）」の中にインデントして書きます。末尾のwhileのあとの「( )」に条件式を書きます。

構文
```
do {
    処理 ;
} while ( 条件式 );
```

条件式には、次の情報を与えます。

条件式：繰り返しを継続する条件です。この条件がtrue（真）の間、「処理」を繰り返します。

例：変数numに数値「1」を代入する。文字列「Hello」を表示し、変数numの値に数値「1」を足した結果を変数numに代入する処理を繰り返す。変数numが数値「3」以下の間繰り返す。

```
int num = 1;
do {
    System.out.println("Hello");
    num += 1;
} while (num <= 3);
```

上の例のプログラムをフローチャートで示します。

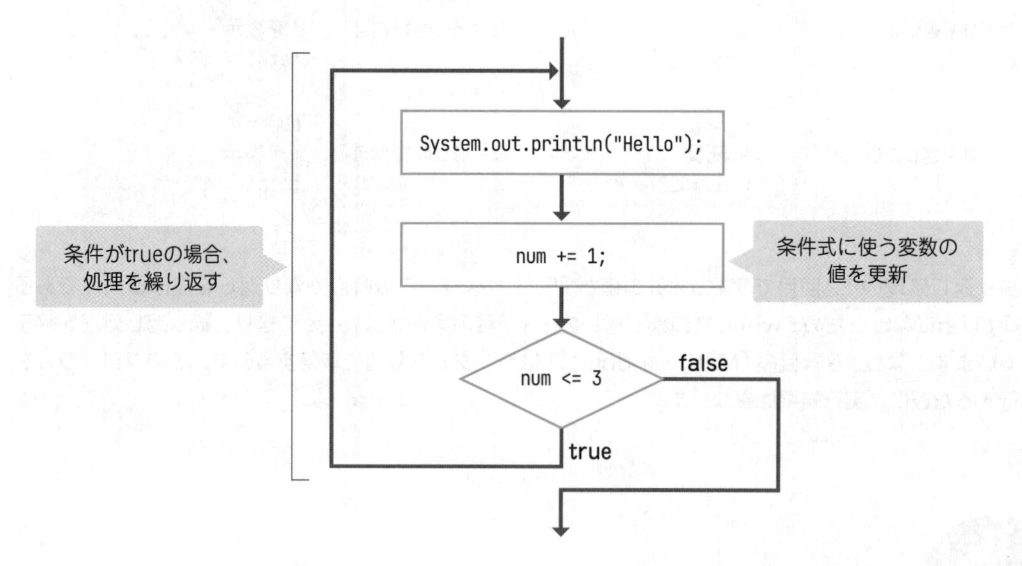

do～while文を使った繰り返しでは、繰り返し処理の中で条件式に使う値を更新する必要があります。例に挙げた繰り返しは、フローチャートでこのように表せます。繰り返し処理の中で変数 numに数値「1」を足すため、3回目の繰り返し処理で変数 numに数値「4」が代入された状態となることで、繰り返し処理が終了します。

do-while文は、while文よりも使用頻度は低いよ。繰り返し行う処理を、必ず1回は実行したい場合に選択するよ。

実践してみよう

次のプログラムでは、繰り返し処理の中で、条件式に使った変数の値と文字列を連結させたうえで、表示しています。

構文の使用例

プログラム：Example4_2_6.java

```
01 class Example4_2_6 {
02     public static void main(String[] args) {
03         int num = 1;
04 
05         do {
06             System.out.println(num + "回目の繰り返し");
07             num += 1;
08         } while (num <= 3);
09     }
10 }
```

解説

01	Example4_2_6クラスの定義を開始する。
02	mainメソッドの定義を開始する
03	int型の変数numを宣言して、数値「1」を代入する。
04	
05	do文を開始する。
06	変数numの値と文字列「回目の繰り返し」を連結して表示する。
07	変数numの値を1加算する。
08	変数numの値が数値「3」以下の間繰り返す。do文を終了する。
09	mainメソッドの定義を終了する。
10	Example4_2_6クラスの定義を終了する。

実行結果　※プログラムをコンパイルした後に実行してください

```
C:\Users\FOM出版\Documents\FPT2311\04>javac Example4_2_6.java

C:\Users\FOM出版\Documents\FPT2311\04>java Example4_2_6
1回目の繰り返し
2回目の繰り返し
3回目の繰り返し

C:\Users\FOM出版\Documents\FPT2311\04>
```

3行目で、do~while文の条件式で使う変数numを宣言して、初期値として数値「1」を代入します。

5行目でdo~while文による繰り返し処理を開始します。

繰り返し処理は、変数numの値が数値「3」以下の間、6行目の「System.out.println(num + "回目の繰り返し");」と7行目の「num += 1;」の処理を繰り返すことになります。

繰り返し処理の1回目は「System.out.println(num + "回目の繰り返し");」と「num += 1;」の処理を実行して、「1回目の繰り返し」を表示します。そして変数numの値を1加算して「2」にします。

変数numには数値「2」が格納されていますので、8行目で「2 < 3」を判定して結果はtrueになります。このようにdo~while文では、6~7行目の繰り返し処理を先に実行して、そのあとに8行目の条件式を判定しますので、必ず繰り返し処理を1回は実行することになります。次に繰り返し処理は2回目に移ります。

このような流れで、5~8行目は3回処理を繰り返します。3回の繰り返し処理を行った結果、表示内容は「1回目の繰り返し」「2回目の繰り返し」「3回目の繰り返し」になります。

5~8行目の処理

```
05        do {
06            System.out.println(num + "回目の繰り返し");
07            num += 1;
08        } while (num <= 3);
```

6行目を実行後の表示内容と、8行目の条件式は、次のような流れで処理します。

6行目を実行後の表示内容と、8行目の条件式

繰り返し処理	6行目を実行後の表示内容	8行目の条件式
1回目	1回目の繰り返し	2 <= 3　… trueになる
2回目	1回目の繰り返し 2回目の繰り返し	3 <= 3　… trueになる
3回目	1回目の繰り返し 2回目の繰り返し 3回目の繰り返し	4 <= 3　… falseになる

よく起きるエラー

do～while文の条件式のあとに「;」を記述しないと、コンパイル時にエラーとなります。

実行結果　※コンパイル時にエラー

```
C:\Users\FOM出版\Documents\FPT2311\04>javac Example4_2_6_e1.java
Example4_2_6_e1.java:8: エラー: ';'がありません
        } while (num <= 3)
                          ^
エラー1個

C:\Users\FOM出版\Documents\FPT2311\04>
```

- **エラーの発生場所：8行目「 } while (num <= 3) 」**
- **エラーの意味　　：「;」がない。**

プログラム：Example4_2_6_e1.java

```
01 class Example4_2_6_e1 {
02     public static void main(String[] args) {
03         int num = 1;
04 
05         do {
06             System.out.println(num + "回目の繰り返し");
07             num += 1;
08         } while (num <= 3)   ← 行末に「;」の記述がない
09     }
10 }
```

- **対処方法：8行目の末尾に「;」を追加する。**

do～while文では、最後のこの「;」の記述は忘れがちだよ。注意してね。

4-2-7 繰り返し処理の制御

continue文や**break文**を繰り返し処理の中で使うと、処理の流れを変えることができます。

continue文は、繰り返し処理の中で実行すると、繰り返し処理内でcontinue文以降の処理をスキップし、次の繰り返し処理の先頭に移ります。基本的には、繰り返し処理の中にif文を入れて、ある条件を満たしたときにcontinue文を実行するようにします。

continue文

繰り返し処理の中で、条件式の判定結果がtrue（真）の場合に指定します。

構文

```
for ( 初期設定 ; 条件式1; 後処理 ) {
          ⋮
    if ( 条件式2) {
        continue;
    }
    処理1
}
```

例： 変数iに数値「0」を代入する。変数iが数値「5」より小さい間繰り返す。繰り返す間、変数iの値を表示して、変数iの値に1加算した結果を変数iに代入する。なお、変数iの値が数値「3」と等しい場合は、continue文以降の処理をスキップし、次の繰り返し処理に移る。

```
for (int i = 0; i < 5; i++) {
    if (i == 3) {
        continue;    // 以降の処理をスキップして繰り返し処理の先頭に移る
    }
    System.out.println("i : " + i);
}
```

実行結果　※プログラムをコンパイルした後に実行してください

```
C:\Users\FOM出版\Documents\FPT2311\04>javac Example4_2_7_s1.java

C:\Users\FOM出版\Documents\FPT2311\04>java Example4_2_7_s1
i : 0
i : 1
i : 2
i : 4

C:\Users\FOM出版\Documents\FPT2311\04>
```

「i：3」が表示されない

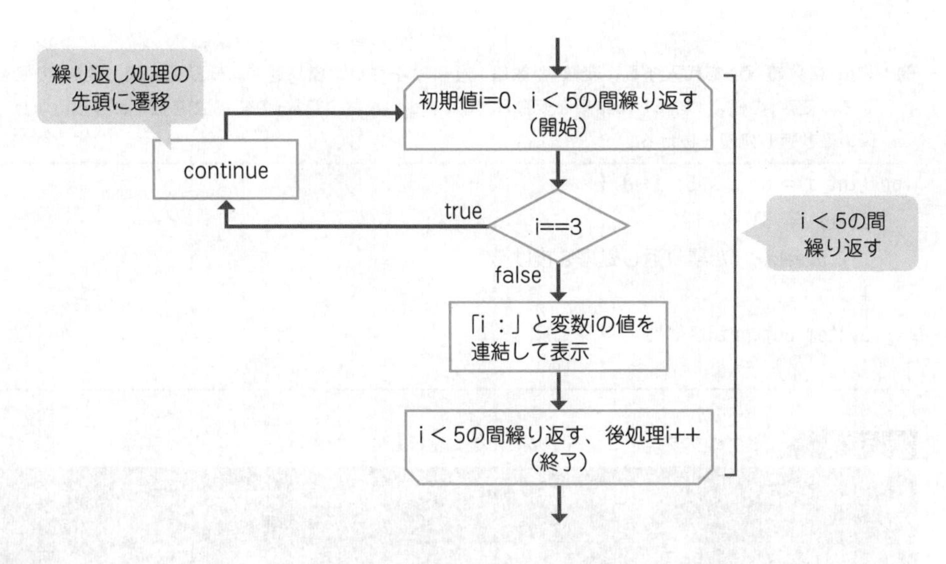

continue文を使うと、繰り返し処理中にスキップができるよ。

for文による繰り返し処理で、変数iに値「0」を設定し、条件式「i ＜ 5」を満たす間、処理を繰り返します（後処理で変数iを１加算しながら繰り返します）。

continue文は、変数iの値が数値「3」と等しい場合、continue文以降の処理（「i：」と変数iの値を連結して表示）をスキップし、次の繰り返し処理（後処理で変数iを１加算して数値「4」にして）に移ります。

break文は、繰り返し処理を途中で抜けたいときに使います。break文もcontinue文と同様に、繰り返し処理の中である条件を満たしたときに実行するようにします。

なお、繰り返し処理が入れ子になっている場合には、繰り返し処理を１つだけ抜けます。

break文

繰り返し処理の中で、条件式の判定結果がtrue（真）の場合に指定します。

構文

```
for ( 初期設定 ; 条件式 1; 後処理 ) {
          ⋮
    if ( 条件式 2) {
        break;
    }
    処理 1
}
```

例：変数iに数値「0」を代入する。変数iが数値「5」より小さい間繰り返す。繰り返す間、変数iの値を表示して、変数iの値に1加算した結果を変数iに代入する。なお、変数iの値が数値「3」と等しい場合は、以降の繰り返し処理を抜ける。

```
for (int i = 0; i < 5; i++) {
    if (i == 3) {
        break;  // 繰り返し処理を抜ける
    }
    System.out.println("i : " + i);
}
```

実行結果　※プログラムをコンパイルした後に実行してください

```
C:\Users\FOM出版\Documents\FPT2311\04>javac Example4_2_7_s2.java

C:\Users\FOM出版\Documents\FPT2311\04>java Example4_2_7_s2
i : 0
i : 1
i : 2

C:\Users\FOM出版\Documents\FPT2311\04>
```

変数iの値が3になった場合にfor文を抜けるため、「i : 3」以降が表示されない

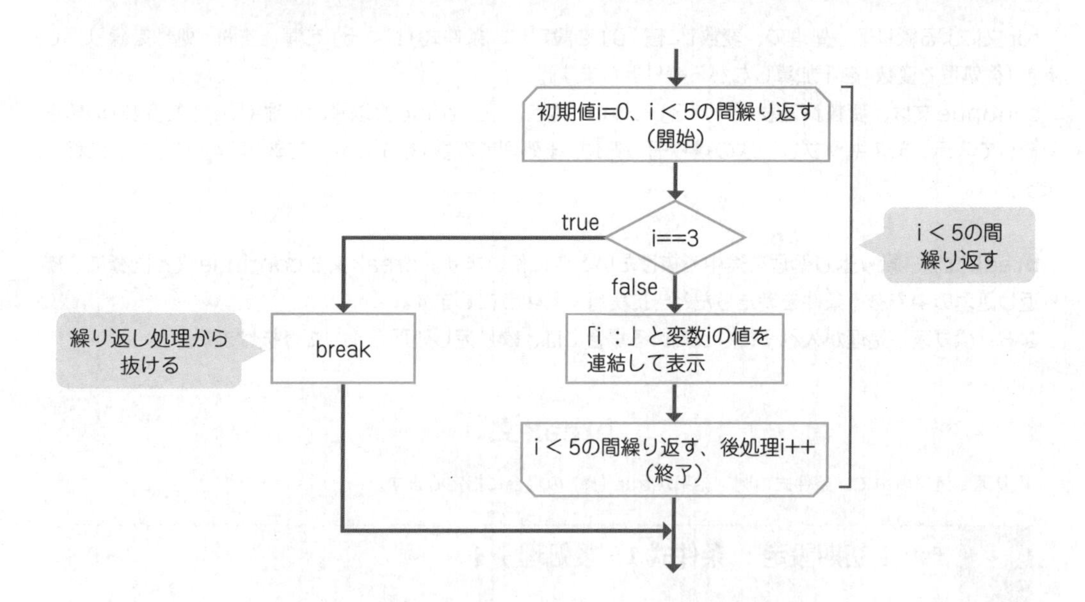

for文による繰り返し処理で、変数iに値「0」を設定し、条件式「i ＜ 5」を満たす間、処理を繰り返します（後処理で変数iを１加算しながら繰り返します）。

break文は、変数iの値が数値「3」と等しい場合、for文による繰り返し処理自体を抜けます。

break文を使うと、繰り返し処理を完全に抜けることができるよ。

実践してみよう

次のプログラムでは、繰り返し処理の中で、continue文とbreak文を使っています。

構文の使用例

プログラム：Example4_2_7.java

```
01 class Example4_2_7 {
02     public static void main(String[] args) {
03         int[] num = {1, 2, 3, 4, 5, 6, 7, 8, 9, 10};
04 
05         for (int i = 0; i < num.length; i++) {
06             if (num[i] == 4) {
07                 continue;
08             }
09             if (num[i] == 8) {
10                 break;
11             }
12             System.out.println(num[i]);
13         }
14     }
15 }
```

解説

01	Example4_2_7クラスの定義を開始する。
02	mainメソッドの定義を開始する
03	数値「1」「2」「3」「4」「5」「6」「7」「8」「9」「10」を要素とするint型の配列を作成し、その配列を参照するための配列numを宣言して代入する。
04	
05	for文を開始する。変数iを宣言して初期値の数値「0」を代入する。変数iの値が配列numの要素数の値より小さい間繰り返す。1回の繰り返しが終わるたびに変数iの値を1加算する。
06	if文を開始する。配列num[変数iの値]の値が数値「4」と等しい場合、次の処理を実行する。
07	繰り返し処理の先頭に遷移する。
08	6行目のif文を終了する。

09	if文を開始する。配列num[変数iの値]の値が数値「8」と等しい場合、次の処理を実行する。
10	繰り返し処理から抜ける。
11	9行目のif文を終了する。
12	配列num[変数iの値]の値を表示する。
13	for文を終了する。
14	mainメソッドの定義を終了する。
15	Example4_2_7クラスの定義を終了する。

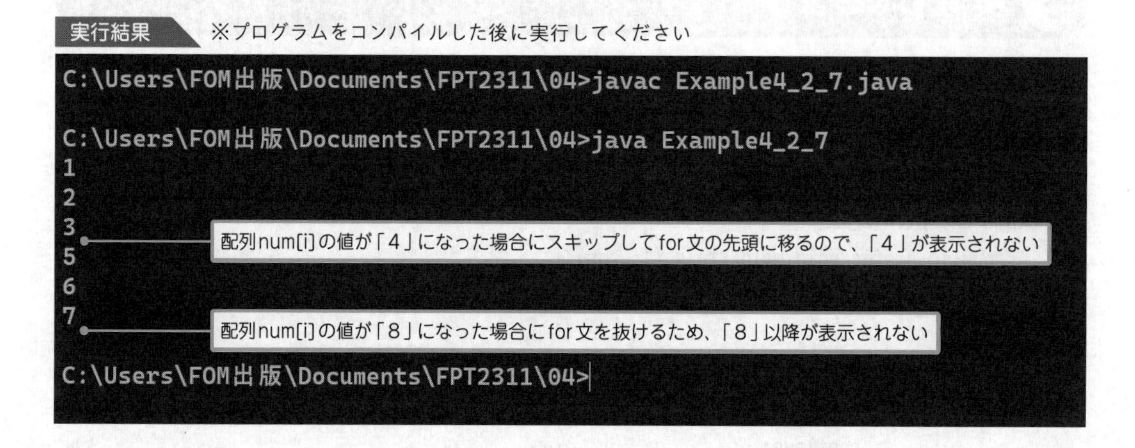

3行目で、配列numを宣言して数値「1, 2, 3, 4, 5, 6, 7, 8, 9, 10」を代入しています。

5～13行目でfor文による繰り返し処理を実行しています。変数iに値「0」を設定し、条件式「i ＜ 配列numの要素数」を満たす間、処理を繰り返します（後処理で変数iを1加算しながら繰り返します）。繰り返し処理では、12行目で配列numの要素番号「変数iの値」に格納されている値を表示します。

このプログラムではif文が2つあります。6行目の1つ目のif文では、配列numの要素番号「変数iの値」に格納されている値が数値「4」の場合に、7行目のconinue文を実行して、以降の処理をスキップして繰り返し処理の先頭に戻ります。これより、変数iの値が3になったときに配列num[3]に格納されている値が「4」になるので、以降の処理をスキップします。スキップすることによって、12行目を実行しないので、「4」が表示されません。

9行目の2つ目のif文では、配列numの要素番号「変数iの値」に格納されている値が数値「8」の場合に、10行目のbreak文を実行して、繰り返し処理を抜けます。これより、変数iの値が7になったときに配列num[7]に格納されている値が「8」になるので、繰り返し処理を抜けます。繰り返し処理自体を終了するため、「8」以降が表示されません。

このような流れで処理を繰り返し、実行した結果、表示される内容は「1」「2」「3」「5」「6」「7」になります。

第5章

メソッド

5-1 メソッド

これまでJavaで用意されているメソッドを使ってきましたが、メソッドは自分で作ることもできます。同じ処理を繰り返し記述しなくても、メソッドとして処理をまとめることで、何度も簡単に呼び出せるようになります。

5-1-1 メソッドとは

Javaは、**オブジェクト指向**と呼ばれる考え方で作られたプログラミング言語です。オブジェクト指向は、「データ」と、データに関連する「操作」を1つにまとめた部品（オブジェクト）を作り、オブジェクトを組み合わせてプログラムを作る手法です。この「操作」に当たるのが**メソッド**です。

これまでもclassというキーワードで作ったクラスの中に、mainメソッドを書いて利用してきました。この章では、さらにメソッドを掘り下げて学んでいきましょう。オブジェクト指向やクラスの詳細は6章（P.210参照）で詳しく説明します。

メソッドはクラスの構成要素

メソッドとは、特定の処理を定義する**クラス**の構成要素です。これまでのプログラムで定義してきたmainメソッドもメソッドの1つで、そのほかにも独自のメソッドを定義できます。

mainメソッドのみのプログラム

クラス

mainメソッド

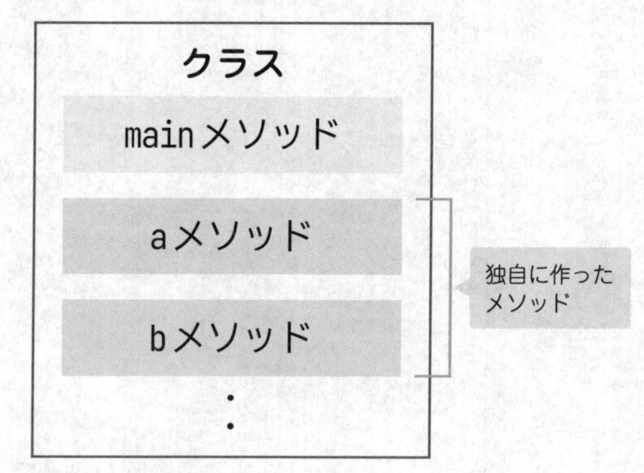

これまでは比較的短いプログラムを書いてきましたが、実際に仕事でプログラムを書くと何百行、何千行にもわたるプログラムを書くことになります。そうなってくると見通しが悪くなり、何を書いているのかプログラマ自身も把握できなくなります。本を作るときに章や節を分けて内容を整理するように、Javaのプログラムではメソッドを作り、プログラムを分割して整理していきます。

また、同じ処理が何度も発生するときにも、処理をメソッドにしてまとめて、プログラムの重複部分をなくして簡潔なプログラムに変えていきます。

これまで使ってきたmainメソッドは、javaコマンドを実行したときに自動的に呼び出されて実行されていました。自分で作ったメソッドは、必要なときに呼び出して使用します。

また、メソッドには値を渡して実行することができます。コマンドライン引数を利用する場合、mainメソッドのargsに文字列を渡していたように（P.85参照）、**引数**を利用してメソッドに値（情報）を渡すことができます。そしてメソッドの処理が終わったあとは、呼び出した場所に結果を戻すことができます。この呼び出し元に返ってくる結果は、**戻り値**といいます。

足し算のメソッド

例えば、引数を２つ受け取り、引数で受け取った値を足した結果を戻り値として返すaddメソッドを作るとします。addメソッドに引数として「10」と「20」を渡して呼び出すと「30」が戻り値で返され、「60」と「30」を渡して呼び出すと「90」が返されます。このように、数値を変えて計算を実行したい場合でも引数を変えて呼び出すだけなので、同じ処理を何度も記述する必要がなくなります。

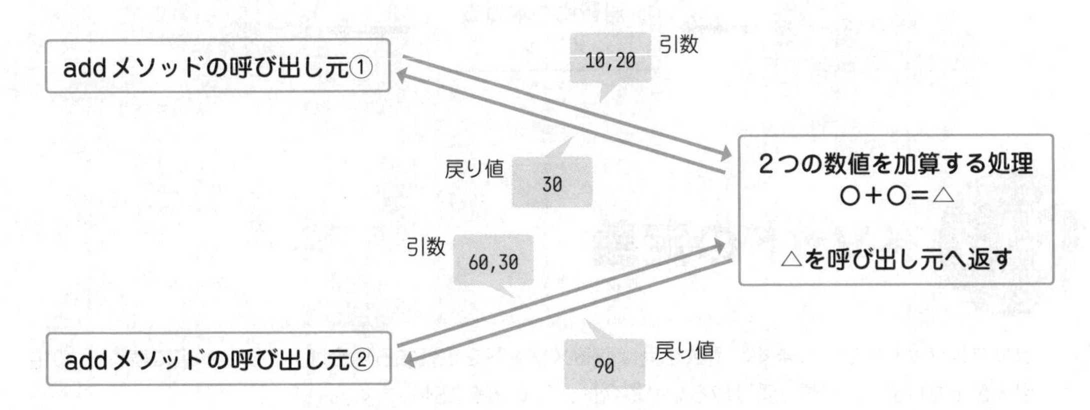

引数と戻り値

先ほど考えた足し算のメソッドをもう少し詳しく見ていきましょう。メソッドに引数を渡して、メソッドは引数を受け取って処理をして、メソッドが処理した結果を戻り値として返します。

これまで学んできたプログラムでは、IntegerクラスのparseInt()メソッドを使って、文字列の値を引数で受け取って、メソッドで処理した結果、戻り値としてint型の値を返した例がありました。

なお、引数や戻り値を持たないメソッドもありました。Systemクラスのoutのprintln()メソッドは、文字列を引数にして、メソッドで処理して画面に文字を表示しますが、戻り値はありません。

さらにメソッドは、自分で作ることもできます。自分で作るメソッドにも、引数や戻り値を設定できます。

「2つの数値の和を求めるメソッド」を作る場合は、引数は2つの数値で、戻り値はその和となります。「消費税を求めるメソッド」の場合は、引数は1つの数値で、戻り値はその数値に0.1を掛けた値になります。

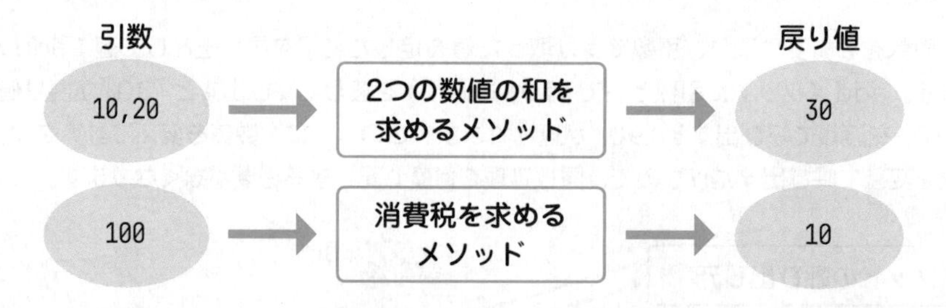

5-1-2 メソッドの定義

自分でメソッドを定義します。引数を受け取るメソッドを定義する場合は、メソッド名に続く()の中に引数を記述します。引数を受け取らない場合は、()のみを記述します。

また、戻り値を返すメソッドを定義する場合は、メソッド名の前に戻り値のデータ型を記述して、メソッドのブロックの中で**return文**を使います。return文が実行されると、呼び出し元に戻り値を返して、メソッドの処理を終了します。

メソッドの定義

staticのあとに半角スペースを入れて、戻り値のデータ型、メソッド名を記述します。メソッド名のあとの「()」の中に、引数をデータ型と合わせて記述します。メソッドを呼び出したときに実行する処理は、そのあとの「{ }(波括弧)」の中に記述します。戻り値を返す場合は、returnのあとに戻り値を記述します。
引数を複数設定する場合は、引数を「, (カンマ)」で区切って、「(データ型 引数1, データ型 引数2, …)」のように記述します。引数を持たない場合は、引数の指定を省略できますが、「()」は省略できません。
なお、戻り値は、メソッドが呼び出し元に最終的に返すデータです。メソッドは処理を行った後、1つだけ値を返すことができます。その戻り値のデータ型を指定します。また、戻り値を持たないメソッドには、「void」という特別なデータ型を指定します。

構文

```
static 戻り値のデータ型 メソッド名(データ型 引数1, データ型 引数2, …) {
    処理
    【return 戻す値】
}
```

例：引数や戻り値がなく、文字列「こんにちは」を表示するhelloメソッドを定義する。

```
static void hello() {
    System.out.println("こんにちは");
}
```

例：引数xを受け取り、引数xを2倍にした値を戻り値として返すbaiメソッドを定義する。

```
static int bai(int x) {
    int result = x * 2;
    return result;
}
```

例：引数x、yを受け取り、それぞれを足した値を戻り値として返すaddメソッドを定義する。

```
static int add(int x, int y) {
    int result = x + y;
    return result;
}
```

例：引数score1、score2、score3を受け取り、それぞれを足した値を戻り値として返すsumupメソッドを定義する。

```
static int sumup(int score1, int score2, int score3) {
    int goukei = score1 + score2 + score3;
    return goukei;
}
```

メソッド名の付け方は、変数名と同じ命名規則に従う必要があるよ。P.63を参照してね。

5-1-3 メソッドの呼び出し

自分で作ったメソッドの呼び出しは、メソッド名と引数を指定します。指定する引数は、メソッドに定義されている「引数のデータ型」と、「引数の個数」に対応させる必要があります。

メソッドの呼び出し

メソッド名を記述し、メソッド名のあとの「()」の中に引数を記述します。引数に指定するデータ型は、メソッドで定義されている引数のデータ型に合わせる必要があります。もし、異なるデータ型を指定した場合には、コンパイルエラーになります。
戻り値を受け取る場合は、戻り値のデータ型を意識して受け取ります。例えば、戻り値をint型の値で受け取る場合は、int型で宣言した変数に戻り値を代入するようにして受け取ります。
引数を複数設定する場合は、引数を「,(カンマ)」で区切って、「(引数1, 引数2, …)」のように記述します。
引数を持たない場合は、引数の指定を省略できますが、「()」は省略できません。

構文 メソッド名 (引数1, 引数2, …)

例：次のようなメソッドsumupが定義されているとする。
(引数score1、score2、score3を受け取り、それぞれを足した値を戻り値として返す)

```
public static int sumup(int score1, int score2, int score3) {
    int goukei = score1 + score2 + score3;
    return goukei;
}
```

例：int型の変数totalを宣言し、数値「80」「70」「55」を引数としてメソッドsumupを呼び出して実行し、戻り値を代入する。文字列「total :」と変数totalを連結して表示する。

```
public static void main(String[] args) {
    int total = sumup(80, 70, 55);
    System.out.println("total : " + total);
}
```

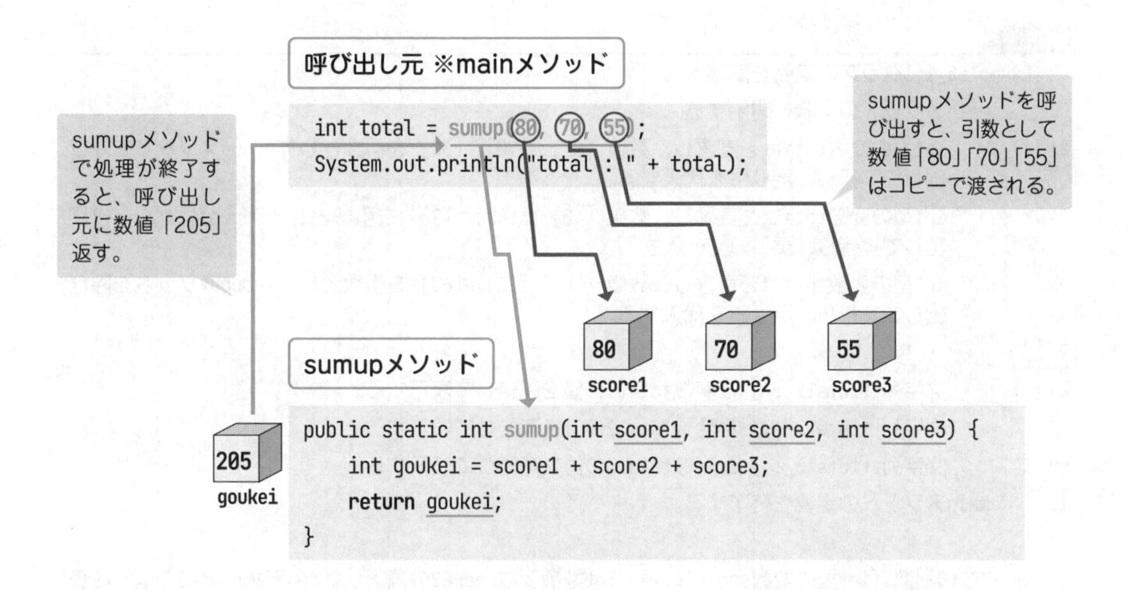

実践してみよう

メソッドを定義し、呼び出して実行してみます。

構文の使用例

プログラム：Example5_1_3.java

```
01 class Example5_1_3 {
02     public static void main(String[] args) {
03         int total1 = sumup(80, 70, 55);
04         int total2 = sumup(40, 100, 90);
05         int total3 = sumup(50, 75, 60);
06 
07         System.out.println("total1 : " + total1);
08         System.out.println("total2 : " + total2);
09         System.out.println("total3 : " + total3);
10     }
11 
12     static int sumup(int score1, int score2, int score3) {
13         int goukei = score1 + score2 + score3;
14         return goukei;
15     }
16 }
```

5
メソッド

解説

01	Example5_1_3クラスの定義を開始する。
02	mainメソッドの定義を開始する
03	int型の変数total1を宣言し、数値「80」「70」「55」を引数としてsumupメソッドを呼び出して実行し、戻り値を代入する。
04	int型の変数total2を宣言し、数値「40」「100」「90」を引数としてsumupメソッドを呼び出して実行し、戻り値を代入する。
05	int型の変数total3を宣言し、数値「50」「75」「60」を引数としてsumupメソッドを呼び出して実行し、戻り値を代入する。
06	
07	文字列「total1 : 」と変数total1の値を連結して表示する。
08	文字列「total2 : 」と変数total2の値を連結して表示する。
09	文字列「total3 : 」と変数total3の値を連結して表示する。
10	mainメソッドの定義を終了する。
11	
12	3つの引数（int型の変数score1の値、int型の変数score2の値、int型の変数score3の値）を受け取り、int型の戻り値を返すsumupメソッドの定義を開始する。
13	int型の変数goukeiを宣言し、変数score1の値、変数score2の値、変数score3の値を足した結果を代入する。
14	変数goukeiの値をsumupメソッドの戻り値として返す。
15	sumupメソッドの定義を終了する。
16	Example5_1_3クラスの定義を終了する。

実行結果　※プログラムをコンパイルした後に実行してください

```
C:\Users\FOM出版\Documents\FPT2311\05>javac Example5_1_3.java

C:\Users\FOM出版\Documents\FPT2311\05>java Example5_1_3
total1 : 205
total2 : 230
total3 : 185

C:\Users\FOM出版\Documents\FPT2311\05>
```

3行目で、数値「80」「70」「55」を引数としてsumupメソッドを呼び出しています。sumupメソッドは12～15行目に記述されており、引数として受け取った数値「80」と「70」と「55」を、変数score1と変数score2と変数score3で受け取り、13行目で加算した結果（80＋70＋55＝205）を、14行目で戻り値として数値「205」を返します。3行目に戻って、この値が変数total1に代入されます。よって、7行目で、文字列「total1：」と変数total1の値を連結して、「total1：205」と表示されます。

4行目で、数値「40」「100」「90」を引数としてsumupメソッドを呼び出しています。sumupメソッドは12～15行目に記述されており、引数として受け取った数値「40」と「100」と「90」を、変数score1と変数score2と変数score3で受け取り、13行目で加算した結果（40＋100＋90＝230）を、14行目で戻り値として数値「230」を返します。4行目に戻って、この値が変数total2に代入されます。よって、8行目で、文字列「total2：」と変数total2の値を連結して、「total2：230」と表示されます。

5行目で、数値「50」「75」「60」を引数としてsumupメソッドを呼び出しています。sumupメソッドは12～15行目に記述されており、引数として受け取った数値「50」と「75」と「60」を、変数score1と変数score2と変数score3で受け取り、13行目で加算した結果（50＋75＋60＝185）を、14行目で戻り値として数値「185」を返します。5行目に戻って、この値が変数total3に代入されます。よって、9行目で、文字列「total3：」と変数total3の値を連結して、「total3：185」と表示されます。

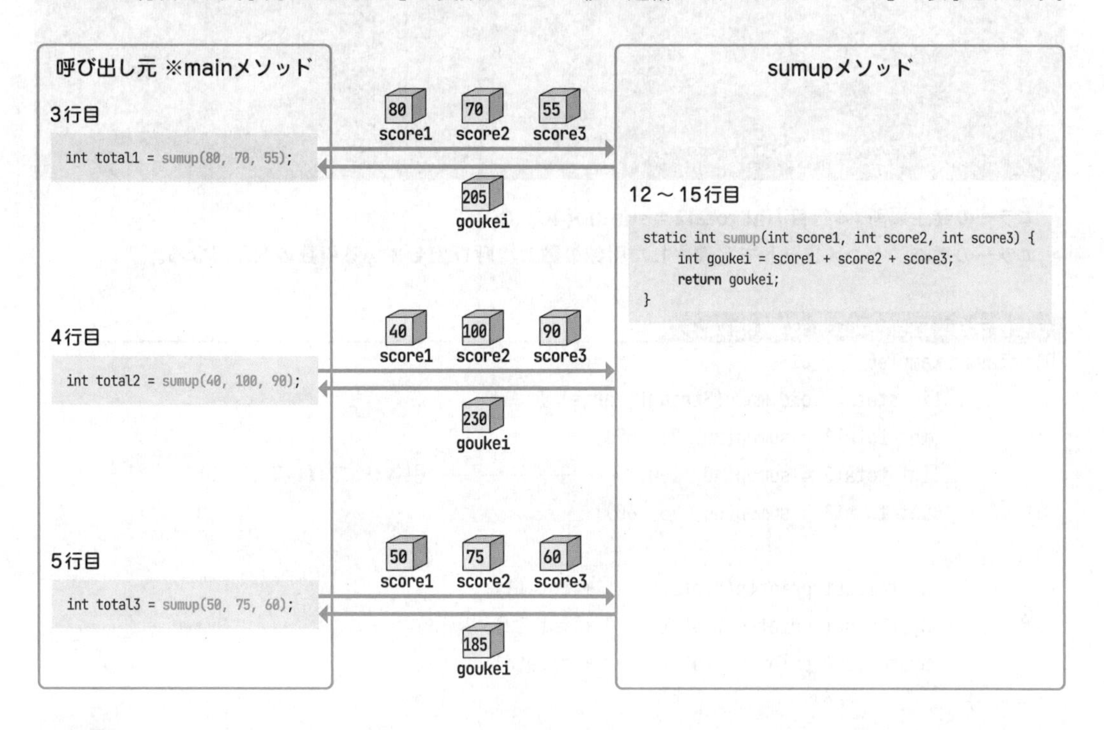

このように、同じ処理を何度も繰り返す必要があるときは、メソッドを使うと短くプログラムを書けるよ。

5 メソッド

よく起きるエラー

メソッドで定義された引数の数を渡さないと、コンパイル時にエラーとなります。

実行結果　※コンパイル時にエラー

```
C:\Users\FOM出版\Documents\FPT2311\05>javac Example5_1_3_e1.java
Example5_1_3_e1.java:4: エラー: クラス Example5_1_3_e1のメソッド sumupは指定された型に適用できません。
        int total2 = sumup(40, 100);
                     ^
  期待値: int,int,int
  検出値:     int,int
  理由: 実引数リストと仮引数リストの長さが異なります
エラー1個

C:\Users\FOM出版\Documents\FPT2311\05>
```

- **エラーの発生場所：4行目「int total2 = sumup(40, 100);」**
- **エラーの意味　　：メソッドで定義された引数の数と、呼び出している引数の数が異なる。**

プログラム：Example5_1_3_e1.java

```
01 class Example5_1_3_e1 {
02     public static void main(String[] args) {
03         int total1 = sumup(80, 70, 55);
04         int total2 = sumup(40, 100);   ← 引数を3つ渡していない
05         int total3 = sumup(50, 75, 60);
06 
07         System.out.println("total1 : " + total1);
08         System.out.println("total2 : " + total2);
09         System.out.println("total3 : " + total3);
10     }
11 
12     static int sumup(int score1, int score2, int score3) {
13         int goukei = score1 + score2 + score3;
14         return goukei;
15     }
16 }
```

- **対処方法：4行目で「sumup(40, 100, 90);」と呼び出すことで、sumupメソッドに引数を3つ渡す。**

メソッドを呼び出すときの引数の数は、メソッドが定義されている引数の数と一致させないといけないよ！

実習問題①

次の実行結果例となるようなプログラムを作成してください。

実行結果例　※プログラムをコンパイルした後に実行してください

```
C:\Users\FOM出版\Documents\FPT2311\05>javac Example5_1_3_p1.java

C:\Users\FOM出版\Documents\FPT2311\05>java Example5_1_3_p1
加算結果 : 800
減算結果 : 200

C:\Users\FOM出版\Documents\FPT2311\05>
```

- **概要　　　：与えられている数値「500」「300」を基に、メソッドを呼び出して加算処理と減算処理を行い、結果を表示する。**
- **実習ファイル：Example5_1_3_p1.java**
- **処理の流れ**
  - **2つの数値の加算処理を行うメソッドaddを定義する。**
  - **2つの数値の減算処理を行うメソッドsubを定義する。**
  - **引数に数値「500」「300」を指定してaddメソッドを呼び出し、戻り値を変数ans1で受け取り、「加算結果：」と連結して表示する。**
  - **引数に数値「500」「300」を指定してsubメソッドを呼び出し、戻り値を変数ans2で受け取り、「減算結果：」と連結して表示する。**

解答例

プログラム：Example5_1_3_p1.java

```
01 class Example5_1_3_p1 {
02     public static void main(String[] args) {
03         // addメソッドを呼び出し、処理結果を表示
04         int ans1 = add(500,300);
05         System.out.println("加算結果 : " + ans1);
06 
07         // subメソッドを呼び出し、処理結果を表示
08         int ans2 = sub(500,300);
09         System.out.println("減算結果 : " + ans2);
10     }
11 
12     // 加算処理を行うaddメソッドの定義
13     static int add(int x, int y) {
14         int add_ans = x + y;
```

```
15          return add_ans;
16      }
17
18      // 減算処理を行うsubメソッドの定義
19      static int sub(int x, int y) {
20          int sub_ans = x - y;
21          return sub_ans;
22      }
23  }
```

解説

01 Example5_1_3_p1クラスの定義を開始する。
02 mainメソッドの定義を開始する。
03 コメントとして「addメソッドを呼び出し、処理結果を表示」と記述する。
04 int型の変数ans1を宣言し、数値「500」「300」を引数としてaddメソッドを呼び出して実行し、戻り値を代入する。
05 文字列「加算結果：」と変数ans1の値を連結して表示する。
06
07 コメントとして「addメソッドを呼び出し、処理結果を表示」と記述する。
08 int型の変数ans2を宣言し、数値「500」「300」を引数としてsubメソッドを呼び出して実行し、戻り値を代入する。
09 文字列「減算結果：」と変数ans2の値を連結して表示する。
10 mainメソッドの定義を終了する。
11
12 コメントとして「加算処理を行うaddメソッドの定義」と記述する。
13 2つの引数（int型の変数xの値、int型の変数yの値）を受け取り、int型の戻り値を返すaddメソッドの定義を開始する。
14 int型の変数add_ansを宣言し、変数xの値と変数yの値を足した結果を代入する。
15 変数add_ansの値をaddメソッドの戻り値として返す。
16 addメソッドの定義を終了する
17
18 コメントとして「減算処理を行うsubメソッドの定義」と記述する。
19 2つの引数（int型の変数xの値、int型の変数yの値）を受け取り、int型の戻り値を返すsubメソッドの定義を開始する。
20 int型の変数sub_ansを宣言し、変数xの値から変数yの値を引いた結果を代入する。
21 変数sub_ansの値をsubメソッドの戻り値として返す。
22 subメソッドの定義を終了する
23 Example5_1_3_p1クラスの定義を終了する。

4行目で、数値「500」「300」を引数としてaddメソッドを呼び出しています。addメソッドは13～16行目に記述されており、引数として受け取った数値「500」と「300」を、変数xと変数yで受け取り、14行目で加算した結果（500＋300＝800）を、15行目で戻り値として数値「800」を返します。4行目に戻って、この値が変数ans1に代入されます。よって、5行目で、文字列「加算結果：」と変数ans1の値を連結して、「加算結果：800」と表示されます。

8行目で、数値「500」「300」を引数としてsubメソッドを呼び出しています。subメソッドは19～22行目に記述されており、引数として受け取った数値「500」「300」を、変数xと変数yで受け取り、20行目で減算した結果（500－300＝200）を、21行目で戻り値として数値「200」を返します。8行目に戻って、この値が変数ans2に代入されます。よって、9行目で、文字列「減算結果：」と変数ans2の値を連結して、「減算結果：200」と表示されます。

実習問題②

次の実行結果例となるようなプログラムを作成してください。

実行結果例　※プログラムをコンパイルした後に実行してください

```
C:\Users\FOM出版\Documents\FPT2311\05>javac Example5_1_3_p2.java

C:\Users\FOM出版\Documents\FPT2311\05>java Example5_1_3_p2
加算結果 : 410

C:\Users\FOM出版\Documents\FPT2311\05>
```

- **概要　　　：配列dataに格納した要素である数値「45, 26, 87, 96, 32, 50, 74」を基に、メソッドを呼び出してすべての数値の加算処理を行い、結果を表示する。**
- **実習ファイル：Example5_1_3_p2.java**
- **処理の流れ**
  - **配列に格納された数値の加算処理を行うaddArrayメソッドを定義する。**
  - **配列arrayの要素に数値「45」「26」「87」「96」「32」「50」「74」を格納する。**
  - **引数に配列arrayの値を指定してaddArrayメソッドを呼び出し、戻り値を変数ansで受け取り、「加算結果：」と連結して表示する。**

解答例

プログラム：Example5_1_3_p2.java

```
01  class Example5_1_3_p2 {
02      public static void main(String[] args) {
03          // 配列の作成
04          int[] array = {45, 26, 87, 96, 32, 50, 74};
```

```
05
06         // addArrayメソッドを呼び出し、処理結果を代入
07         int ans = addArray(array);
08         System.out.println("加算結果 : " + ans);
09     }
10
11     // 加算処理を行うaddArrayメソッドの定義
12     static int addArray(int[] num) {
13         int add_ans = 0;
14         for (int i = 0; i < num.length; i++) {
15             add_ans += num[i];
16         }
17         return add_ans;
18     }
19 }
```

解説

01	Example5_1_3_p2クラスの定義を開始する。
02	mainメソッドの定義を開始する。
03	コメントとして「配列の作成」を記述する。
04	数値「45」「26」「87」「96」「32」「50」「74」を要素とするint型の配列を作成し、その配列を参照するための配列arrayを宣言して代入する。
05	
06	コメントとして「addArrayメソッドを呼び出し、処理結果を代入」と記述する。
07	変数ansに、配列arrayの値を引数としてaddArrayメソッドを呼び出して実行し、戻り値を代入する。
08	文字列「加算結果 : 」と変数ansの値を連結して表示する。
09	mainメソッドの定義を終了する。
10	
11	コメントとして「加算処理を行うaddArrayメソッドの定義」と記述する。
12	引数（int型の配列numの値）を受け取り、int型の戻り値を返すaddArrayメソッドの定義を開始する。
13	int型の変数add_ansを宣言し、数値「0」を代入する。
14	for文を開始する。変数iを宣言して初期値の数値「0」を代入する。変数iの値が配列numの要素数の値より小さい間繰り返す。1回の繰り返しが終わるたびに変数iの値を1加算する。
15	変数add_ansに、変数add_ansの値と配列num[変数iの値]の値を足した結果を代入する。
16	for文を終了する。
17	変数add_ansの値をaddArrayメソッドの戻り値として返す。
18	addArrayメソッドの定義を終了する
19	Example5_1_3_p2クラスの定義を終了する。

4行目で、配列arrayには、次のような値が格納されます。

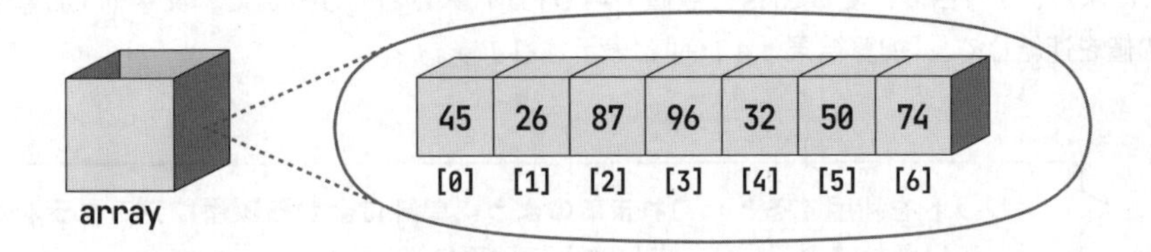

7行目で、配列arrayの値を引数としてaddArrayメソッドを呼び出しています。addArrayメソッドは12～18行目に記述されています。

12～18行目で、配列の要素を加算するaddArrayメソッドを定義しています。この動きを見ていきます。

12行目で、引数（int型の配列numの値）を受け取り、int型の戻り値を返すように定義しています。引数を受け取ることによって、先ほどの配列arrayの値が、配列numにコピーされます。実際には、配列の参照先の値をコピーしている形になります（P.69参照）。

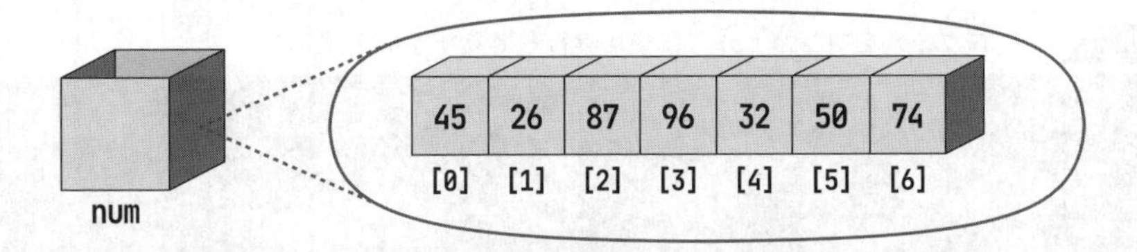

13行目で、配列の要素を加算した結果を格納する変数add_ansを宣言し、数値「0」を代入しています。

14～16行目は、for文による繰り返し処理を定義しています。変数iを宣言して、初期値として数値「0」を代入します。繰り返し処理は、変数iの値が配列numの要素数である「7」の値より小さい間、15行目の処理を繰り返すことになります。なお、配列numには、12行目で7個の要素が格納されていますので、要素数は「7」になります。

繰り返し処理の1回目は条件式「i < 7」を判定します。変数iには数値「0」が格納されていますので、「0 < 7」を判定して結果はtrueになります。よって、15行目「add_ans += num[i];」を実行します。15行目では、変数add_ansに、変数add_ansの値（＝数値「0」が格納されている）と配列num[0]の値（＝数値「45」が格納されている）を足した結果を代入します。0＋45を計算して45が求まり、変数add_ansには数値「45」が格納されます。1回の繰り返しが終わるたびに、14行目で変数iの値を1加算します。次に繰り返し処理は2回目に移ります。

繰り返し処理の2回目は条件式「i < 7」を判定します。変数iには数値「1」が格納されていますので、「1 < 7」を判定して結果はtrueになります。よって、15行目「add_ans += num[i];」を実行します。15行目では、変数add_ansに、変数add_ansの値（＝数値「45」が格納されている）と配列num[1]の値（＝数値「26」が格納されている）を足した結果を代入します。45＋26を計算して71が求まり、変数add_ansには数値「71」が格納されます。

このような流れで、14～16行目のfor文は、7回処理を繰り返します。7回の繰り返し処理を行った結果、配列numの要素をすべて加算して（45＋26＋87＋96＋32＋50＋74＝410）、変数add_ansには数値「410」が格納されます。

17行目で、変数add_ansの値を戻り値として返すので、数値「410」が呼び出し元の7行目に戻ります。これにより、7行目で、変数ansに数値「410」が代入され、8行目で、文字列「加算結果：」と変数ansの値を連結して、「加算結果：410」と表示されます。

メソッドを利用すると、これまでのように単純に上から順番にプログラムが進行していかないので混乱しないようにしてね。

 実習問題③

次の実行結果例となるようなプログラムを作成してください。

実行結果例　※プログラムをコンパイルした後に実行してください

```
C:\Users\FOM出版\Documents\FPT2311\05>javac Example5_1_3_p3.java

C:\Users\FOM出版\Documents\FPT2311\05>java Example5_1_3_p3
乗算結果 : 2000
除算結果 : 5

C:\Users\FOM出版\Documents\FPT2311\05>
```

- **概要　　　　：与えられている数値「100」「20」を基に、mainメソッドとは別クラスのメソッドを呼び出して乗算処理と除算処理を行い、結果を表示する。**
- **実習ファイル：Example5_1_3_p3.java**
- **処理の流れ**
  - **・2つの数値の乗算処理を行うmultiメソッドを定義する。ただし、mainメソッドとは別クラスであるAnotherクラス内に定義する。**
  - **・2つの数値の除算処理を行うdivメソッドを定義する。ただし、mainメソッドとは別クラスであるAnotherクラス内に定義する。**
  - **・引数に数値「100」「20」を指定してmultiメソッドを呼び出し、戻り値を変数ans1で受け取り、「乗算結果：」と連結して表示する。**
  - **・引数に数値「100」「20」を指定してdivメソッドを呼び出し、戻り値を変数ans2で受け取り、「除算結果：」と連結して表示する。**
- **補足**
  - **・別のクラスに存在するメソッドを呼び出す場合は、メソッド名の前にクラス名を「.（ドット）」区切りで指定し、「クラス名.メソッド名」のように記述して呼び出すことができる。**

解答例

プログラム：Example5_1_3_p3.java

```
01 class Example5_1_3_p3 {
02     public static void main(String[] args) {
03         // 変数の宣言と値の代入
04         int num1 = 100;
05         int num2 = 20;
06 
07         // multiメソッドを呼び出し、処理結果を代入
08         int ans1 = Another.multi(num1, num2);
09         System.out.println("乗算結果 : " + ans1);
10 
11         // divメソッドを呼び出し、処理結果を代入
12         int ans2 = Another.div(num1, num2);
13         System.out.println("除算結果 : " + ans2);
14     }
15 }
16 
17 class Another {
18     // multiメソッドの定義
19     static int multi(int x, int y) {
20         int multi_ans = x * y;
21         return multi_ans;
22     }
23 
24     // divメソッドの定義
25     static int div(int x, int y) {
26         int div_ans = x / y;
27         return div_ans;
28     }
29 }
```

解説

```
01 Example5_1_3_p3クラスの定義を開始する。
02     mainメソッドの定義を開始する。
03         コメントとして「変数の宣言と値の代入」を記述する。
04         int型の変数num1を宣言し、数値「100」を代入する。
05         int型の変数num2を宣言し、数値「20」を代入する。
06
07         コメントとして「multiメソッドを呼び出し、処理結果を代入」と記述する。
08         int型の変数ans1を宣言し、変数num1の値と変数num2の値を引数として、Anotherクラスの
           multiメソッドを呼び出して実行し、戻り値を代入する。
09         文字列「乗算結果 : 」と変数ans1の値を連結して表示する。
10
11         コメントとして「divメソッドを呼び出し、処理結果を代入」と記述する。
12         int型の変数ans2を宣言し、変数num1の値と変数num2の値を引数として、Anotherクラスの
           divメソッドを呼び出して実行し、戻り値を代入する。
13         文字列「除算結果 : 」と変数ans2の値を連結して表示する。
14     mainメソッドの定義を終了する。
15 Example5_1_3_p3クラスの定義を終了する。
16
17 Anotherクラスの定義を開始する。
18     コメントとして「multiメソッドの定義」を記述する。
19     引数（int型の変数xの値、int型の変数yの値）を受け取り、int型の戻り値を返すmultiメソッ
       ドの定義を開始する。
20         int型の変数multi_ansを宣言し、変数xの値と変数yの値を掛けた結果を代入する。
21         変数multi_ansの値をmultiメソッドの戻り値として返す。
22     multiメソッドの定義を終了する。
23
24     コメントとして「divメソッドの定義」を記述する。
25     引数（int型の変数xの値、int型の変数yの値）を受け取り、int型の戻り値を返すdivメソッド
       の定義を開始する。
26         int型の変数div_ansを宣言し、変数xの値を変数yの値で割った結果を代入する。
27         変数div_ansの値をdivメソッドの戻り値として返す。
28     divメソッドの定義を終了する。
29 Anotherクラスの定義を終了する。
```

あらかじめ、4行目で変数num1には数値「100」を代入し、5行目で変数num2には数値「20」を代入しています。

8行目で、数値「100」「20」を引数としてAnotherクラスのmultiメソッドを呼び出しています。multiメソッドは19～22行目に記述されており、引数として受け取った数値「100」と「20」を、変数xと変数yで受け取り、20行目で乗算した結果（100×20＝2000）を、21行目で戻り値として数値「2000」を返します。8行目に戻って、この値が変数ans1に代入されます。よって、9行目で、文字列「乗算結果：」と変数ans1の値を連結して、「乗算結果：2000」と表示されます。

12行目で、数値「100」「20」を引数としてAnotherクラスのdivメソッドを呼び出しています。divメソッドは25～28行目に記述されており、引数として受け取った数値「100」と「20」を、変数xと変数yで受け取り、26行目で除算した結果（100÷20＝5）を、27行目で戻り値として数値「5」を返します。12行目に戻って、この値が変数ans2に代入されます。よって、13行目で、文字列「除算結果：」と変数ans2の値を連結して、「除算結果：5」と表示されます。

mainメソッドを定義するクラスだけでなく、別のクラスを作ることもできます。ここでは17～29行目のように、multiメソッドとdivメソッドはAnotherクラスを作成して、そのAnotherクラス内に定義しました。

mainメソッドからメソッドを呼び出す際は、今までは「メソッド名」と指定して呼び出すことができました。しかし、呼び出すメソッドがmainメソッドとは別のクラスに存在する場合は、「メソッド名」だけで呼び出すとコンパイルエラーになります（ここではmainメソッドがExample5_1_3_p3クラスに存在し、multiメソッドとdivメソッドはこれとは別のAnotherクラスに存在します）。

別のクラスに定義されているメソッドを呼び出す場合は、メソッド名の前にクラス名を「.（ドット）」区切りで指定し、「クラス名.メソッド名」のように記述して呼び出すことができます。ここでは8行目で「Another.multi」、12行目で「Another.div」というように、メソッド名の前にクラス名「Another」を「.」区切りで指定して、呼び出すことができます。

また、javacコマンドの実行結果はこれまでとは違います。javacコマンドが正常終了した際には、「Example5_1_3_p3.class」というファイルが生成されますが、さらに「Another.class」というファイルも生成されます。

javacコマンドを実行すると、ソースファイルに定義されているクラスをすべてコンパイルして、拡張子「class」の付いたファイルとして生成します。ここでは、ソースファイル内にExample5_1_3_p3クラスと Anotherクラスの2つのクラスが定義されていますので、「Example5_1_3_p3.class」と「Another.class」の2つのファイルが生成されます。

次に、プログラムを「java Example5_1_3_p3 」と指定して実行しますが、Example5_1_3_p3クラスは、内部でAnotherクラスを利用していますので、同じフォルダ内にある「Another.class」が読み込まれて実行されます。もし、「Another.class」ファイルが存在しないとエラーになりますので、注意してください。

メソッドは、別のクラスにあっても呼び出せるよ。独立した部品にしたいときには、メソッドを別のクラスに定義するといいよ。

5-2 Javaで提供されているメソッド

Javaで提供されているメソッドには、様々なものがあります。ここではJavaで提供されているMathクラスのメソッドを中心に見ていきます。

5-2-1 Mathクラスのメソッド

Mathクラスのメソッドを解説します。**Mathクラス**には、基本的な数値の処理を行うメソッドが定義されています。

代表的なMathクラスのメソッドには、次のようなものがあります。

メソッド	説明
static int max(int a, int b)	1番目の引数（int型の変数a）の値と、2番目の引数（int型の変数b）の値を比較し、大きい方の値を返す。
static int min(int a, int b)	1番目の引数（int型の変数a）の値と、2番目の引数（int型の変数b）の値を比較し、小さい方の値を返す。
static int abs(int a)	引数（int型の変数a）の値の絶対値を返す。
static double pow(double a, double b)	1番目の引数（double型の変数a）の値を、2番目の引数（double型の変数b）の値で累乗した値を返す。
static double random()	0.0以上で1.0より小さいランダムな値を返す。

別のクラスに存在するメソッドを呼び出す場合は、メソッド名の前にクラス名を「.（ドット）」区切りで指定し、「クラス名.メソッド名」のように記述して呼び出すことができます。例えば、Mathクラスのmaxメソッドを呼び出す場合は「Math.max(引数1, 引数2)」、Mathクラスのabsメソッドを呼び出す場合は「Math.abs(引数)」というように指定します。

1から自分でメソッドを作らなくても、使えそうなメソッドがすでに用意されているんだ。

次のプログラムでは、Mathクラスのメソッドを呼び出して実行してみます。

構文の使用例

プログラム：Example5_2_1.java

```
01 class Example5_2_1 {
02     public static void main(String[] args) {
03         int num1 = 30;
04         int num2 = 50;
05         int num3 = -3;
06         double num4 = 2.0;
07         double num5 = 5.0;
08         int max, min, abs1, abs2;
09         double pow1, pow2, random1, random2, random3;
10 
11         max = Math.max(num1, num2);
12         min = Math.min(num1, num2);
13         abs1 = Math.abs(num3);
14         abs2 = Math.abs(num1);
15         pow1 = Math.pow(num4, num5);
16         pow2 = Math.pow(num5, num4);
17         random1 = Math.random();
18         random2 = Math.random();
19         random3 = Math.random();
20 
21         System.out.println("max(30, 50) : " + max);
22         System.out.println("min(30, 50) : " + min);
23         System.out.println("abs(-3)     : " + abs1);
24         System.out.println("abs(30)     : " + abs2);
25         System.out.println("2.0の5.0乗  : " + pow1);
26         System.out.println("5.0の2.0乗  : " + pow2);
27         System.out.println("ランダム1   : " + random1);
28         System.out.println("ランダム2   : " + random2);
29         System.out.println("ランダム3   : " + random3);
30     }
31 }
```

解説

01	Example5_2_1クラスの定義を開始する。
02	mainメソッドの定義を開始する
03	int型の変数num1を宣言し、数値「30」を代入する。
04	int型の変数num2を宣言し、数値「50」を代入する。
05	int型の変数num3を宣言し、数値「-3」を代入する。
06	double型の変数num4を宣言し、数値「2.0」を代入する。
07	double型の変数num5を宣言し、数値「5.0」を代入する。
08	int型の変数max、変数min、変数abs1、変数abs2を宣言する。
09	double型の変数pow1、変数pow2、変数random1、変数random2、変数random3を宣言する。
10	
11	変数maxに、変数num1の値と変数num2の値を引数として、Mathクラスのmaxメソッドを呼び出して実行し、戻り値を代入する。
12	変数minに、変数num1の値と変数num2の値を引数として、Mathクラスのminメソッドを呼び出して実行し、戻り値を代入する。
13	変数abs1に、変数num3の値を引数として、Mathクラスのabsメソッドを呼び出して実行し、戻り値を代入する。
14	変数abs2に、変数num1の値を引数として、Mathクラスのabsメソッドを呼び出して実行し、戻り値を代入する。
15	変数pow1に、変数num4の値と変数num5の値を引数として、Mathクラスのpowメソッドを呼び出して実行し、戻り値を代入する。
16	変数pow2に、変数num5の値と変数num4の値を引数として、Mathクラスのpowメソッドを呼び出して実行し、戻り値を代入する。
17	変数random1に、Mathクラスのrandomメソッドを呼び出して実行し、戻り値を代入する。
18	変数random2に、Mathクラスのrandomメソッドを呼び出して実行し、戻り値を代入する。
19	変数random3に、Mathクラスのrandomメソッドを呼び出して実行し、戻り値を代入する。
20	
21	文字列「max(30, 50) : 」と変数maxの値を連結して表示する。
22	文字列「min(30, 50) : 」と変数minの値を連結して表示する。
23	文字列「abs(-3) : 」と変数abs1の値を連結して表示する。
24	文字列「abs(30) : 」と変数abs2の値を連結して表示する。
25	文字列「2.0の5.0乗 : 」と変数pow1の値を連結して表示する。
26	文字列「5.0の2.0乗 : 」と変数pow2の値を連結して表示する。
27	文字列「ランダム1 : 」と変数random1の値を連結して表示する。
28	文字列「ランダム2 : 」と変数random2の値を連結して表示する。
29	文字列「ランダム3 : 」と変数random3の値を連結して表示する。
30	mainメソッドの定義を終了する。
31	Example5_2_1クラスの定義を終了する。

実行結果　※プログラムをコンパイルした後に実行してください

```
C:\Users\FOM出版\Documents\FPT2311\05>javac Example5_2_1.java

C:\Users\FOM出版\Documents\FPT2311\05>java Example5_2_1
max(30, 50) : 50
min(30, 50) : 30
abs(-3)     : 3
abs(30)     : 30
2.0の5.0乗  : 32.0
5.0の2.0乗  : 25.0
ランダム1   : 0.5003935950328959
ランダム2   : 0.2672120482344854
ランダム3   : 0.9646883056119201

C:\Users\FOM出版\Documents\FPT2311\05>
```

ここではMathクラスの、maxメソッド、minメソッド、absメソッド、powメソッド、randomメソッドを利用しています。

3～7行目で、あらかじめ変数num1、num2、num3、num4、num5に数値を格納しています。11～19行目で、Maxクラスの様々なメソッドを呼び出して実行しています。

またここでは、これまでになかった変数の宣言方法が使われています。8行目のint型の変数の宣言と、9行目のdouble型の変数の宣言です。このように「,（カンマ）」を利用することで、データ型の記述を省略して、複数の同じデータ型の変数を定義することができます。

```
08        int max, min, abs1, abs2;
09        double pow1, pow2, random1, random2, random3;
```

11行目で「max = Math.max(30, 50);」を実行します。Maxクラスのmaxメソッドは、1番目の引数（数値「30」）の値と、2番目の引数（数値「50」）の値を比較し、大きい方の値を返します。よって、数値「50」を返して変数maxにはこの値が代入されます。変数maxの値は、21行目で表示しています。

12行目で「min = Math.min(30, 50);」を実行します。Maxクラスのminメソッドは、1番目の引数（数値「30」）の値と、2番目の引数（数値「50」）の値を比較し、小さい方の値を返します。よって、数値「30」を返して変数minにはこの値が代入されます。変数minの値は、22行目で表示しています。

13行目で「abs1 = Math.abs(-3);」を実行します。Maxクラスのabsメソッドは、引数（数値「-3」）の値の絶対値を返します。絶対値は数値「-3」の場合は数値「3」を返し、数値「3」の場合は数値「3」のままというように返します。よって、数値「3」を返して変数abs1にはこの値が代入されます。変数abs1の値は、23行目で表示しています。

14行目では、13行目と同様に「abs2 = Math.abs(30);」を実行し、数値「30」の場合は数値「30」のままというように返します。よって、数値「30」を返して変数abs2にはこの値が代入されます。変数abs2の値は、24行目で表示しています。

15行目で「pow1 = Math.pow(2.0, 5.0);」を実行します。Maxクラスのpowメソッドは、1番目の引数（double型の数値「2.0」）の値を、2番目の引数（double型の数値「5.0」）の値で累乗した値を返します。よって、数値「2.0」を数値「5.0」乗して数値「32.0」を返し、変数pow1にはこの値が代入されます。変数pow1の値は、25行目で表示しています。

16行目では、15行目と同様に「pow2 = Math.pow(5.0, 2.0);」を実行し、数値「5.0」を数値「2.0」乗して数値「25.0」を返します。よって、変数pow2にはこの値が代入されます。変数pow2の値は、26行目で表示しています。

17行目で「random1 = Math.random();」を実行します。Maxクラスのrandomメソッドは、0.0以上で1.0より小さいランダムな値を返します。ここでは、数値「0.5003935950328959」を返して、変数random1にはこの値が代入されます。変数random1の値は、27行目で表示しています。

18行目では、17行目と同様に「random2 = Math.random();」を実行します。ここでは、数値「0.2672120482344854」を返して、変数random2にはこの値が代入されます。変数random2の値は、28行目で表示しています。

19行目では、17行目と18行目と同様に「random3 = Math.random();」を実行します。ここでは、数値「0.9646883056119201」を返して、変数random3にはこの値が代入されます。変数random3の値は、29行目で表示しています。

よく起きるエラー

引数には、メソッドで定義されているデータ型の値を渡さないと、コンパイル時にエラーとなります。

実行結果　※コンパイル時にエラー

```
C:\Users\FOM出版\Documents\FPT2311\05>javac Example5_2_1_e1.java
Example5_2_1_e1.java:11: エラー: 不適合な型: 精度が失われる可能性があるdoubleからintへの変換
        max = Math.max(num1, num4);
                      ^
エラー1個

C:\Users\FOM出版\Documents\FPT2311\05>
```

- **エラーの発生場所：11行目「max = Math.max(num1, num4);」**
- **エラーの意味　　：不適合なデータ型である。**

プログラム：Example5_2_1_e1.java

```
01 class Example5_2_1_e1 {
02     public static void main(String[] args) {
03         int num2 = 50;
04         int num1 = 30;
05         int num3 = -3;
06         double num4 = 2.0;
07         double num5 = 5.0;
```

11行目でこの値（double型の値）を指定している

```
08          int max, min, abs1, abs2;
09          double pow1, pow2, random1, random2, random3;
10
11          max = Math.max(num1, num4);
12          min = Math.min(num1, num2);
13          abs1 = Math.abs(num3);
14          abs2 = Math.abs(num1);
15          pow1 = Math.pow(num4, num5);
 ⋮                 ⋮
```

11行目：2番目の引数に、double型の値を指定している

- **対処方法：11行目のmaxメソッドに渡す2番目の引数を、「num4」から「num2」に修正する。**

メソッドを呼び出すときの引数の値は、メソッドで定義されているデータ型を渡さないといけないよ！

実習問題

次の実行結果例となるようなプログラムを作成してください。

実行結果例　※プログラムをコンパイルした後に実行してください

```
C:\Users\FOM出版\Documents\FPT2311\05>javac Example5_2_1_p1.java

C:\Users\FOM出版\Documents\FPT2311\05>java Example5_2_1_p1
最大値 : 93
最小値 : 21

C:\Users\FOM出版\Documents\FPT2311\05>
```

- **概要　　　：配列dataに格納した要素である数値「78, 65, 78, 21, 93, 45, 33, 55, 22, 81」のうち、Mathクラスのメソッドを呼び出して最大値と最小値を求め、結果を表示する。**
- **実習ファイル：Example5_2_1_p1.java**
- **処理の流れ**
  - **配列dataの要素に数値「78」「65」「78」「21」「93」「45」「33」「55」「22」「81」を格納する。**
  - **配列dataの要素から最大値と最小値を求める。ただし、最大値はMathクラスのmaxメソッドを呼び出して求め、最小値はMathクラスのminメソッドを呼び出して求める。**
  - **最大値と最小値を「最大値：」「最小値：」と見出しを付けて表示する。**

解答例

プログラム：Example5_2_1_p1.java

```
01 class Example5_2_1_p1 {
02     public static void main(String[] args) {
03         // 配列の作成
04         int[] data = {78, 65, 78, 21, 93, 45, 33, 55, 22, 81};
05
06         // 変数の宣言、要素番号0の値を代入
07         int max = data[0];
08         int min = data[0];
09
10         // 最大値と最小値を求める
11         for (int i = 1; i < data.length; i++) {
12             max = Math.max(data[i],max);
13             min = Math.min(data[i],min);
14         }
15
16         // 最大値と最小値を表示
17         System.out.println("最大値 : " + max);
18         System.out.println("最小値 : " + min);
19     }
20 }
```

解説

01	Example5_2_1_p1クラスの定義を開始する。
02	mainメソッドの定義を開始する。
03	コメントとして「配列を作成」を記述する。
04	数値「78」「65」「78」「21」「93」「45」「33」「55」「22」「81」を要素とするint型の配列を作成し、その配列を参照するための配列dataを宣言して代入する。
05	
06	コメントとして「変数の宣言、要素番号0の値を代入」を記述する。
07	int型の変数maxを宣言し、配列data[0]の値を代入する。
08	int型の変数minを宣言し、配列data[0]の値を代入する。
09	
10	コメントとして「最大値と最小値を求める」を記述する。
11	for文を開始する。変数iを宣言して初期値の数値「1」を代入する。変数iの値が配列dataの要素数の値より小さい間繰り返す。1回の繰り返しが終わるたびに変数iの値を1加算する。
12	変数maxに、配列data[変数iの値]の値と変数maxの値を引数として、Mathクラスのmaxメソッドを呼び出して実行し、戻り値を代入する。

13	変数minに、配列data[変数iの値]の値と変数minの値を引数として、Mathクラスのminメソッドを呼び出して実行し、戻り値を代入する。
14	for文を終了する。
15	
16	コメントとして「最大値と最小値を表示」を記述する。
17	「最大値 ： 」と変数maxの値を連結して表示する。
18	「最小値 ： 」と変数minの値を連結して表示する。
19	mainメソッドの定義を終了する。
20	Example5_2_1_p1クラスの定義を終了する。

4行目で、配列dateには、次のような値が格納されます。

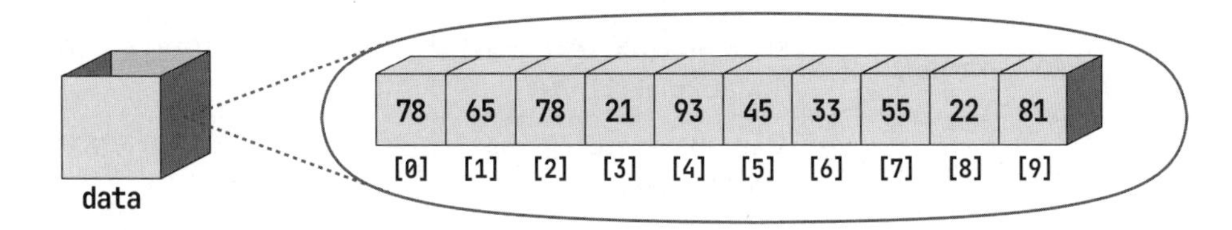

変数maxは最大値を格納する変数です。7行目で初期値として「data[0]」を代入しており、配列dataの要素番号0の値「78」を格納しています。

変数minは最小値を格納する変数です。8行目で初期値として「data[0]」を代入しており、配列dataの要素番号0の値「78」を格納しています。

11行目でfor文による繰り返し処理を開始します。変数iを宣言して、初期値として数値「1」を代入します。

繰り返し処理は、変数iの値が配列dataの要素数である「10」の値より小さい間、12～13行目の処理を繰り返すことになります。なお、配列dateには、4行目で10個の要素が格納されていますので、要素数は「10」になります。

繰り返し処理の1回目は条件式「i ＜ 10」を判定します。変数iには数値「1」が格納されていますので、「1 ＜ 10」を判定して結果はtrueになります。よって、12～13行目を実行します。

1回の繰り返しが終わるたびに変数iの値を1加算します。次に繰り返し処理は2回目に移ります。

このような流れで、11～14行目のfor文は9回処理を繰り返します。9回の繰り返し処理を行った結果、最大値「93」と最小値「21」が求まります。

9回の繰り返し処理を実行して、変数maxで最大値を求める12行目に注目します。最大値を求める変数maxに格納される処理の変化をみていきます。

なお、4章の実習問題⑤（P.154参照）と同様に最大値を求めますが、ここではMathクラスのmaxメソッドを利用して、引数で指定した2つの数値を比較して大きい値の方を変数maxに代入して求めていきます。最大値を求める変数maxに格納される値は、9回の繰り返し処理を実行して次のように変化し、最大値として「93」が求まります。

11～14行目の処理

```
11        for (int i = 1; i < data.length; i++) {
12            max = Math.max(data[i],max);
13            min = Math.min(data[i],min);
14        }
```

繰り返し処理	11行目の条件式	12行目の処理	12行目を処理後の変数maxの値
1回目	1 < 10 … trueになる	Math.max(data[1], max) …Math.max(65, 78)	値「78」(大きい値「78」を格納)
2回目	2 < 10 … trueになる	Math.max(data[2], max) …Math.max(78, 78)	値「78」(大きい値「78」を格納)
3回目	3 < 10 … trueになる	Math.max(data[3], max) …Math.max(21, 78)	値「78」(大きい値「78」を格納)
4回目	4 < 10 … trueになる	Math.max(data[4], max) …Math.max(93, 78)	値「93」(大きい値「93」を格納)
5回目	5 < 10 … trueになる	Math.max(date[5], max) …Math.max(45, 93)	値「93」(大きい値「93」を格納)
6回目	6 < 10 … trueになる	Math.max(date[6], max) …Math.max(33, 93)	値「93」(大きい値「93」を格納)
7回目	7 < 10 … trueになる	Math.max(date[7], max) …Math.max(55, 93)	値「93」(大きい値「93」を格納)
8回目	8 < 10 … trueになる	Math.max(date[8], max) …Math.max(22, 93)	値「93」(大きい値「93」を格納)
9回目	9 < 10 … trueになる	Math.max(date[9], max) …Math.max(81, 93)	値「93」(大きい値「93」を格納)
10回目	10 < 10 … falseになる	※実行しない	

次に、同じ９回の繰り返し処理を実行して、変数minで最小値を求める１３行目に注目します。最小値を求める変数minに格納される処理の変化をみていきます。

なお、４章の実習問題⑤（P.154参照）と同様に最小値を求めますが、ここではMathクラスのminメソッドを利用して、引数で指定した２つの数値を比較して小さい値の方を変数minに代入して求めていきます。最小値を求める変数minに格納される値は、９回の繰り返し処理を実行して次のように変化し、最小値として「21」が求まります。

11～14行目の処理

```
11        for (int i = 1; i < data.length; i++) {
12            max = Math.max(data[i],max);
13            min = Math.min(data[i],min);
14        }
```

繰り返し処理	11行目の条件式	13行目の処理	13行目を処理後の変数minの値
1回目	1 < 10　… trueになる	Math.min(date[1], min) …Math.min(65, 78)	値「65」(小さい値「65」を格納)
2回目	2 < 10　… trueになる	Math.min(date[2], min) …Math.min(78, 65)	値「65」(小さい値「65」を格納)
3回目	3 < 10　… trueになる	Math.min(date[3], min) …Math.min(21, 65)	値「21」(小さい値「21」を格納)
4回目	4 < 10　… trueになる	Math.min(date[4], min) …Math.min(93, 21)	値「21」(小さい値「21」を格納)
5回目	5 < 10　… trueになる	Math.min(date[5], min) …Math.min(45, 21)	値「21」(小さい値「21」を格納)
6回目	6 < 10　… trueになる	Math.min(date[6], min) …Math.min(33, 21)	値「21」(小さい値「21」を格納)
7回目	7 < 10　… trueになる	Math.min(date[7], min) …Math.min(55, 21)	値「21」(小さい値「21」を格納)
8回目	8 < 10　… trueになる	Math.min(date[8], min) …Math.min(22, 21)	値「21」(小さい値「21」を格納)
9回目	9 < 10　… trueになる	Math.min(date[9], min) …Math.min(81, 21)	値「21」(小さい値「21」を格納)
10回目	10 < 10 … falseになる	※実行しない	

5-2-2 Arraysクラスのメソッド

Javaで用意されているクラスは、機能ごとに**パッケージ**という形式でまとめられています。例えば、Mathクラスは「java.lang」というパッケージにまとめられています。基本的に、別のクラスに存在するメソッドを呼び出す場合は、その別のクラスをあらかじめ利用するという宣言をしなければなりません。その宣言のことを**import**（**インポート**）といいます。なお、Mathクラスが存在する「java.lang」パッケージは、暗黙にインポートされる特殊なパッケージですので、importが必要ありませんでした。

importは、プログラムの先頭で「import 利用するパッケージ名;」と記述して宣言します。

importして利用するクラスの例として、Arraysクラスを紹介します。Arraysクラスを利用する場合は、プログラムの先頭で「import java.util.Arrays;」と記述します。

このように記述することによって、Arraysクラスのメソッドを呼び出すことができます。この宣言をしないと、Arraysクラスのメソッドの呼び出しを記述した場所で、コンパイルエラーが発生します。

Arraysクラスには、配列を便利に扱えるメソッドが定義されています。代表的なArraysクラスのメソッドには、次のようなものがあります。

Arrays クラスのメソッド

メソッド	説明
static int[] copyOf(int[] original, int newLength)	1番目の引数（int型の配列original）の値を、2番目の引数（int型の変数newLength）の値の長さになるようにコピーした配列を返す。
static void fill(int[] a, int val)	1番目の引数（int型の配列a）の各要素に、2番目の引数（int型の変数val）の値を代入する。なお、戻り値はない。 ※1番目の引数で指定した配列の要素を書き換える。
static void sort(int[] a)	引数（int型の配列a）の値を、数値の昇順でソートする（並べ替える）。なお、戻り値はない。 ※引数で指定した配列の順番を書き換える。

このように、Arrays クラスには、配列に対する便利な処理が多数用意されています。配列を参照先のコピーではなく複製するメソッドや、配列の中身を特定の値ですべて書き換えるメソッド、配列の中身を並べ替えるメソッドなどがあります。なお、これらのメソッドはint型だけでなく、複数ある基本データ型に対応したものが用意されています。

実践してみよう

次のプログラムでは、Arrays クラスのメソッドを呼び出して実行してみます。

構文の使用例

プログラム：Example5_2_2.java

```
01 import java.util.Arrays;
02 
03 class Example5_2_2 {
04     public static void main(String[] args) {
05         int[] data = {78, 65, 78, 21, 93, 45, 33, 55, 22, 81};
06         hyouji(data, "配列data  : ");
07 
08         int[] data2 = Arrays.copyOf(data, data.length);
09         hyouji(data2, "配列data2 : ");
10 
11         int[] data3 = Arrays.copyOf(data, data.length);
12         Arrays.sort(data3);
13         hyouji(data3, "配列data3 : ");
14 
15         int[] data4 = Arrays.copyOf(data, data.length);
```

```
16          Arrays.fill(data4, 0);
17          hyouji(data4, "配列data4 : ");
18      }
19
20      static void hyouji(int[] x, String y) {
21          System.out.print(y);
22          for (int i = 0; i < x.length; i++) {
23              System.out.print(x[i]);
24              if (i != x.length-1) {
25                  System.out.print(",");
26              }
27          }
28          System.out.println();
29      }
30  }
```

解説

01 Arraysクラスをインポートする。

02

03 Example5_2_2クラスの定義を開始する。

04 mainメソッドの定義を開始する

05 数値「78」「65」「78」「21」「93」「45」「33」「55」「22」「81」を要素とするint型の配列を作成し、その配列を参照するための配列dataを宣言して代入する。

06 配列dataの値と文字列「配列data　：」を引数としてhyoujiメソッドを呼び出して実行する。

07

08 int型の配列data2を宣言し、配列dataの値と、配列dataの要素数の値を引数としてArraysクラスのcopyOfメソッドを呼び出して実行し、戻り値を代入する。

09 配列data2の値と文字列「配列data2 ：」を引数としてhyoujiメソッドを呼び出して実行する。

10

11 int型の配列data3を宣言し、配列dataの値と、配列dataの要素数の値を引数としてArraysクラスのcopyOfメソッドを呼び出して実行し、戻り値を代入する。

12 配列data3の値を引数としてArraysクラスのsortメソッドを呼び出して実行する。

13 配列data3の値と文字列「配列data3 ：」を引数としてhyoujiメソッドを呼び出して実行する。

14

15 int型の配列data4を宣言し、配列dataの値と、配列dataの要素数の値を引数としてArraysクラスのcopyOfメソッドを呼び出して実行し、戻り値を代入する。

16 配列data4の値と数値「0」を引数としてArraysクラスのfillメソッドを呼び出して実行する。

17	配列data4の値と文字列「配列data4 ：」を引数としてhyoujiメソッドを呼び出して実行する。
18	mainメソッドの定義を終了する。
19	
20	引数（int型の配列xの値、String型の変数yの値）を受け取り、戻り値を返さないhyoujiメソッドの定義を開始する。
21	変数yの値を表示する。なお、表示後に改行しない。
22	for文を開始する。変数iを宣言して初期値の数値「0」を代入する。変数iの値が配列xの要素数の値より小さい間繰り返す。1回の繰り返しが終わるたびに変数iの値を1加算する。
23	配列x[変数iの値]の値を表示する。なお、表示後に改行しない。
24	if文を開始する。変数iの値が、配列xの要素数の値から1減算した値と等しくない場合、次の処理を実行する。
25	文字列「,」を表示する。なお、表示後に改行しない。
26	if文を終了する。
27	for文を終了する。
28	改行する。
29	hyoujiメソッドの定義を終了する。
30	Example5_2_2クラスの定義を終了する。

実行結果　※プログラムをコンパイルした後に実行してください

```
C:\Users\FOM出版\Documents\FPT2311\05>javac Example5_2_2.java

C:\Users\FOM出版\Documents\FPT2311\05>java Example5_2_2
配列data  : 78,65,78,21,93,45,33,55,22,81
配列data2 : 78,65,78,21,93,45,33,55,22,81
配列data3 : 21,22,33,45,55,65,78,78,81,93
配列data4 : 0,0,0,0,0,0,0,0,0,0

C:\Users\FOM出版\Documents\FPT2311\05>
```

5行目で配列dataには、次のようなデータが格納されています。

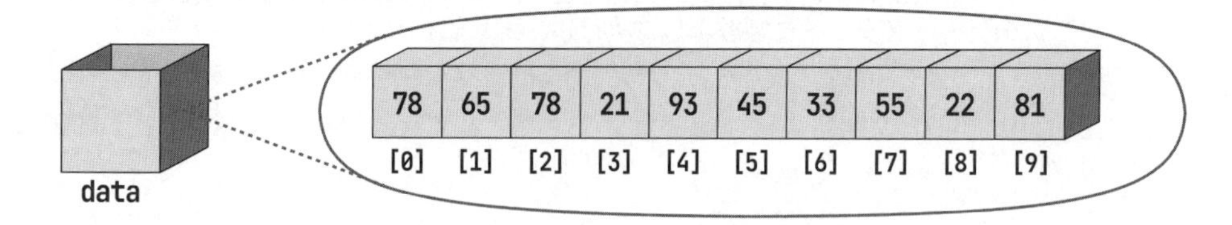

6行目で、hyoujiメソッドを呼び出して、配列dataの値を表示しています。

hyoujiメソッドは20～29行目で定義しています。引数に配列dataの値と文字列「配列data　：」を指定してhyoujiメソッドを呼び出し、見出しと配列dataの値を１つ１つ先頭から文字列「,」で区切って、すべて表示するようにしています。

8行目で、int型の配列data2を宣言し、配列dataの値と、配列dataの要素数の値を引数として、ArraysクラスのcopyOfメソッドを呼び出して実行しています。ArraysクラスのcopyOfメソッドは、1番目の引数（int型の配列data）の値を、2番目の引数（配列dataの要素数の値「10」）の値の長さになるようにコピーした配列を返しますので、配列data2は、次のようなデータが格納された状態になります（配列dataの内容が、配列data2にコピーされます）。

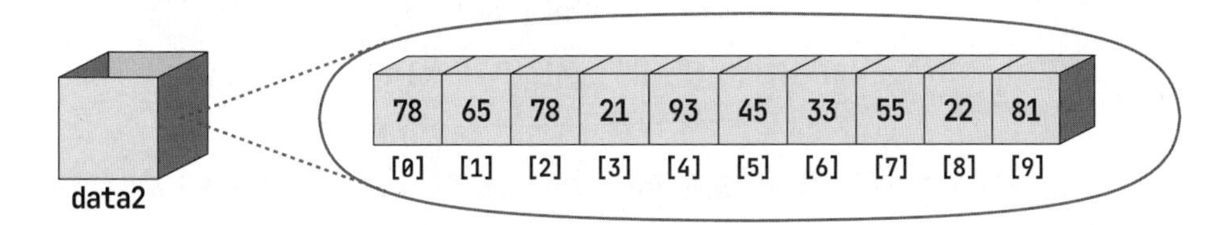

9行目で、hyoujiメソッドを呼び出して、配列data2の値を表示しています。上記のような状態になっていることが確認できます。

次に、11行目では、8行目と同じようにして、配列dataの内容を配列data3にコピーしています。この時点で、配列data3には、次のようなデータが格納されています。

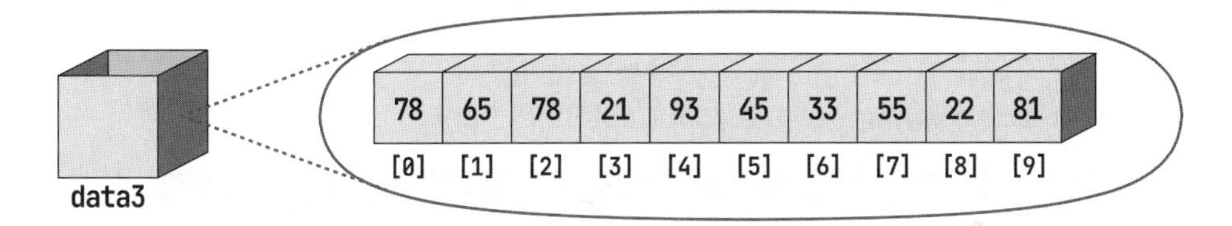

12行目で、配列data3の値を引数としてArraysクラスのsortメソッドを呼び出して実行しています。Arraysクラスのsortメソッドは、引数（int型の配列data3）の値を、数値の昇順でソートします（値が小さい方から順番に並んでいる状態になります）。12行目を実行した結果、配列data3の値は次のようになります。

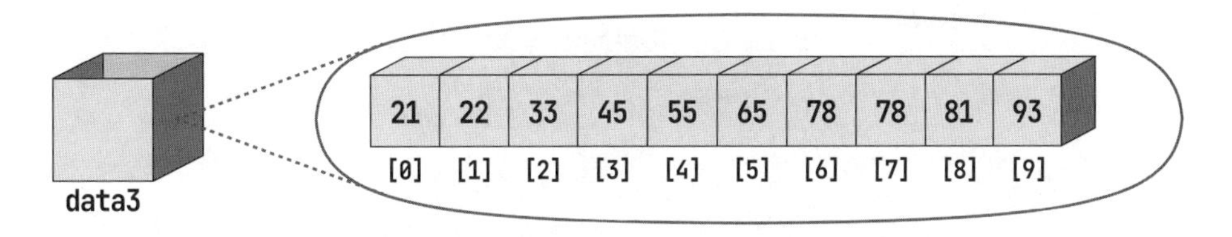

13行目で、hyoujiメソッドを呼び出して、配列data3の値を表示しています。上記のような状態になっていることが確認できます。

次に、15行目では、8行目や11行目と同じようにして、配列dataの内容を配列data4にコピーしています。この時点で、配列data4には、次のようなデータが格納されています。

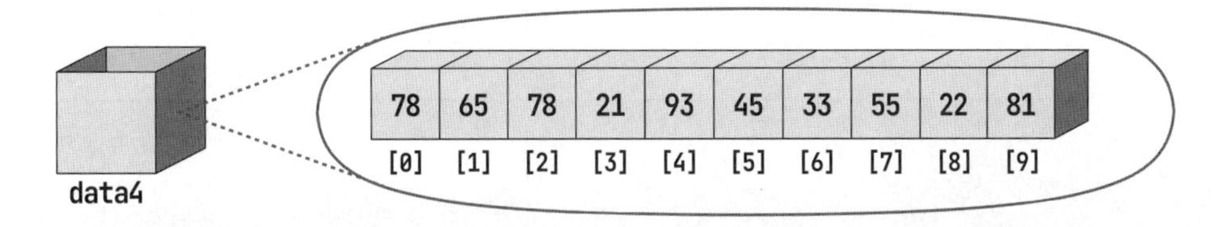

16行目で、配列data4の値と、数値「0」を引数としてArraysクラスのfillメソッドを呼び出して実行しています。Arraysクラスのfillメソッドは、1番目の引数（int型の配列data）の各要素に、2番目の引数（数値「0」）の値を代入します。16行目を実行した結果、配列data4の値は次のようになります。

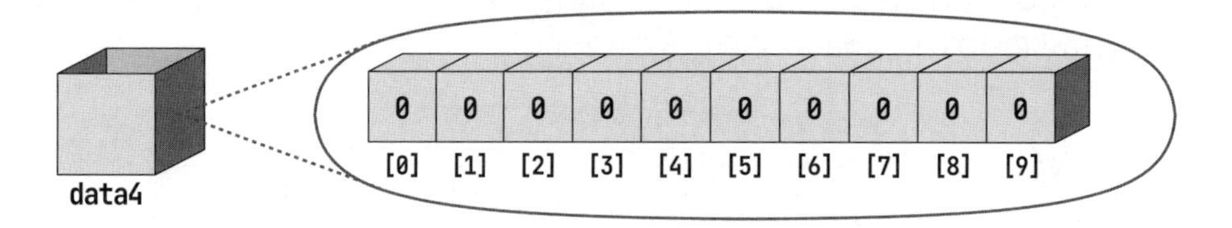

17目で、hyoujiメソッドを呼び出して、配列data4の値を表示しています。上記のような状態になっていることが確認できます。

Reference

様々なクラスのメソッド

Javaには、あらかじめ定義されているクラスがたくさんあります。その中で様々なメソッドが定義されています。この章では、Mathクラスと Arraysクラスのメソッドを紹介しましたが、そのほかの様々なクラスのメソッドについては、次のURLから確認できます。

https://docs.oracle.com/javase/jp/20/docs/api/index.html

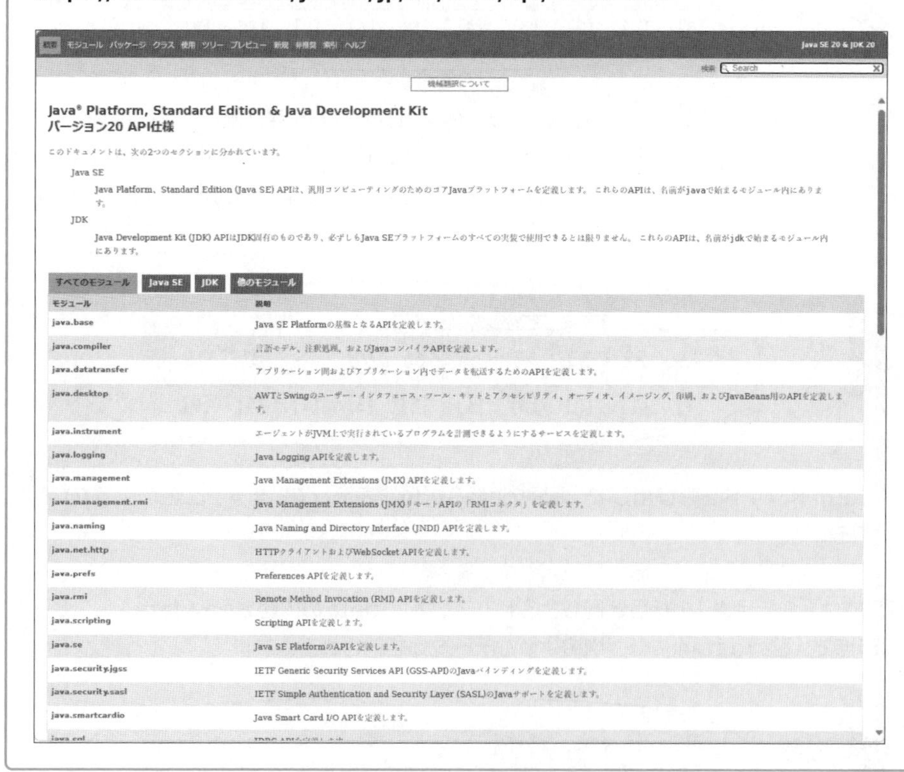

第6章

オブジェクト指向

6-1 オブジェクト指向

入門としてはちょっと難しい話になりますが、Javaはオブジェクト指向に基づいたプログラミング言語です。クラスやメソッドの使い方を知ることで、データと操作をまとめて扱うオブジェクト指向について学んでいきましょう。

クラスとオブジェクト

オブジェクト指向は、「データ」と、データに関連する「操作」を 1つにまとめた部品（オブジェクト）を作り、オブジェクトを組み合わせてプログラムを作る手法です。オブジェクト指向のプログラミングでは、現実世界の「もの」が持つ情報（データ）と振る舞い（操作）を、プログラム上でオブジェクトとして再現することで、現実世界と同じようにオブジェクト（もの）同士が連携するプログラムを作れます。プログラムをオブジェクトごとに管理するので開発作業を分担しやすく、また他の人が作成したオブジェクトも利用できるため、複数人が参加する大規模なプログラムの開発を効率的に進められるのが利点です。

オブジェクト（インスタンス）とは、現実世界の「もの」をモデル化し、プログラム上で再現したものです。オブジェクトは、**メンバ変数**と**メソッド**と呼ばれる要素を持ちます。例えば、タイトル名や著者名を持つ本１冊１冊がオブジェクトに該当します。メンバ変数はオブジェクトの「データ」、メソッドはオブジェクトの「操作」にそれぞれ該当します。プログラムでは、オブジェクトの持つメンバ変数やメソッドを呼び出して利用します。

オブジェクトを作成するための設計図を**クラス**といいます。クラスには、オブジェクトが持つメンバ変数とメソッドを定義します。クラスの定義をもとにオブジェクトを作成し、データを管理したり、メソッドを呼び出したりします。

例えば、次のような本を定義したクラスから、それぞれ異なるタイトル名や著者名のデータを持ったオブジェクトを生成し、データを表示したりメソッドで操作を行ったりします。

クラス

クラスの名前	本
メンバ変数	タイトル名 著者名
メソッド	タイトル名を表示する() 著者名を表示する()

生成
（インスタンス化）→

オブジェクト(インスタンス)

タイトル名=○○
著者名=○○
タイトル名を表示する()
著者名を表示する()

タイトル名=△△
著者名=△△
タイトル名を表示する()
著者名を表示する()

タイトル名=□□
著者名=□□
タイトル名を表示する()
著者名を表示する()

クラスから生成されたオブジェクトのことを、インスタンスとも呼ぶよ。

Reference

オブジェクト指向の特長

オブジェクト指向の特長には、「カプセル化」、「継承」、「多態性（ポリモフィズム）」などがあります。

- **カプセル化**

  カプセル化とは「データ」と「データに対する操作」（メソッド）が一体になっていて、外部のクラスやオブジェクトから隠す機能のことです。カプセル化によって、クラス内部のデータを他のクラスやオブジェクトから隠して、直接アクセスできないようにします。そして、外部から利用できるメソッドを一部のみに限定します。

  このようにクラス内部のデータを隠蔽して、アクセス可能なメソッドに限定するのは、役所の窓口に似ています。来訪者は窓口経由で書類の申請や受け取りをします。窓口の職員が変わったり、窓口の向こうの机の配置が変わったりしても、窓口でのやり取りには変化がありません。

  こうしたカプセル化の仕組みにより、クラス内部のプログラムの内容に変更があった場合でも、外部のクラスやオブジェクトからのアクセス方法は同じであるため、該当するクラス内部のみを修正すればよくなります。

- **継承**

  継承とは、既存のクラスを利用して、新しいクラスを作成する仕組みです。変更や追加したいデータや操作のみを定義することによって、既存のクラスを拡張した新しいクラスを作成できます。

- **多態性（ポリモフィズム）**

  多態性とは、ポリモフィズムともいい、異なるオブジェクトに対して同じ操作を呼び出すことが可能で、それぞれのオブジェクトに対応した結果を受け取ることができる仕組みです。この仕組みによって、複数のオブジェクトを同じように呼び出すことができます。

6-1-2 クラスの作成

クラス定義は、キーワードclassを使用します。クラス名は、最初を大文字にしたキャメルケース（単語の先頭を大文字にして、その他の文字を小文字にする記法）を使って記述します。クラスには、メンバ変数とメソッドを定義できます。

クラスと同じ名前のメソッド名で定義されたメソッドは、**コンストラクタ**と呼ばれる特別なメソッドになります。コンストラクタは、クラスからオブジェクトを生成するときに、最初に自動で呼び出されます。

クラスの定義方法

キーワードclassを使用してクラスを定義します。「{ }（波括弧）」の中に、メンバ変数やメソッドの定義を記述します。

メンバ変数は、通常の変数と同じ方法で、クラス内に定義します。

コンストラクタは必要に応じて定義します。コンストラクタを定義する場合は、クラス名と同じ名前にします。

クラス内に定義されているメンバ変数に明示的にアクセスするには、「this.変数名」のように、変数名の前にキーワードthisと「.（ドット）」を付けます。

構文

```
class クラス名 {
    メンバ変数の定義
    コンストラクタの定義
    メソッドの定義
}
```

例： メンバ変数にnameとage、コンストラクタ、メソッドにhyoujiを持つStudentクラスを定義する。

```
class Student {
    // メンバ変数の定義
    String name;        ― メンバ変数の定義
    int age;

    // コンストラクタの定義
    Student(String name, int age) {
        this.name = name;          ― コンストラクタの定義
        this.age = age;
    }

    // メソッドの定義
    void hyouji() {
        System.out.print("名前 : " + name + '\t');      ― メソッドの定義
        System.out.println("年齢 : " + age);
    }
}
```

クラス内に定義されているメンバ変数に、明示的にアクセスしたいときには、キーワードthisを指定するよ。

Reference

キーワードthis

キーワードthisを指定して、クラス内に定義されているメンバ変数に、明示的にアクセスすることができます。「this.変数名」のように、変数名の前にキーワードthisと「.(ドット)」を付けます。
例えば、次のようなプログラムでは、コンストラクタの定義で、引数として受け取る変数「name」と、Studentクラスのメンバ変数「name」が、同じ変数名「name」になっています。「this.name = name」のように記述することで、メンバ変数name(左辺)に、引数で受け取った変数nameの値(右辺)を代入することができます。

```
class Student {
    String name;        メンバ変数「name」
    int age;

    // コンストラクタの定義
    Student(String name, int age) {        引数で受け取る変数「name」
        this.name = name;        明示的にメンバ変数「name」にアクセスするために「this.name」と指定

        this.age = age;
    }
```

Reference

コンストラクタに関するルール

コンストラクタに関するルールには、次のようなものがあります。

①クラス名と同じ名前を持つ。
②クラスからオブジェクトを生成するタイミングで、自動的に呼び出される。
③戻り値を指定しない(voidも指定しない)。※厳密的には生成されたオブジェクトの参照先を戻す
④引数を受け取ることができる。
⑤引数の数が異なれば、複数定義できる。また、引数の数が同じでもデータ型が異なれば複数定義できる。

6-1-3 オブジェクトの生成

オブジェクトを利用するには、キーワードnewで「new クラス名(引数)」のように記述して、クラスからオブジェクト(インスタンス)を生成する必要があります。生成したオブジェクトは変数に代入して、変数を使ってアクセスすることができます。

オブジェクトは変数に代入して使うよ。オブジェクト型を代入した変数は、String型と同じように参照型になるよ。

オブジェクトの生成

オブジェクトを生成するには、キーワードnewとクラス名を指定して変数に代入します。このとき、コンストラクタが定義されている場合は、コンストラクタが呼び出されます。なお、オブジェクトの生成時に引数を指定している場合は、引数の数とそのデータ型が一致するコンストラクタが呼び出されます。

構文
```
クラス名 変数名；
変数名 = new クラス名 ( 引数 1, 引数 2, …);
        または
クラス名 変数名 = new クラス名 ( 引数 1, 引数 2, …);
```

例：文字列「富士」と数値「30」を引数にしてStudentクラスのオブジェクトを生成し、変数student1に代入する。

```
Student student1 = new Student("富士", 30);
```

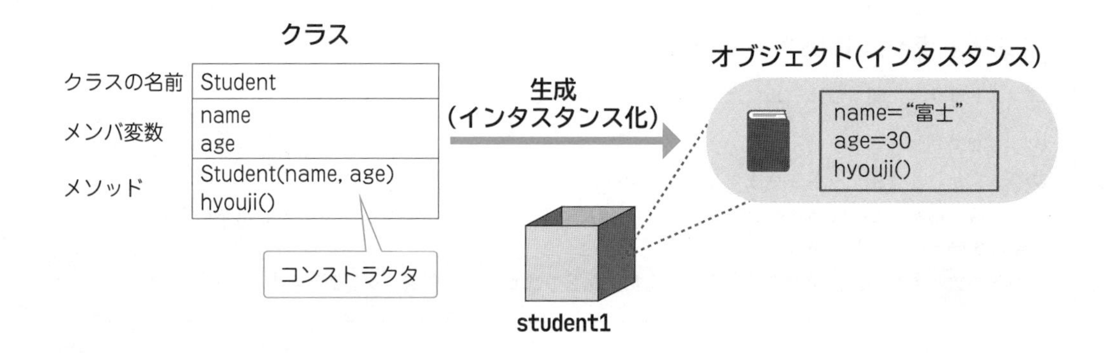

6-1-4 オブジェクトへのアクセス

オブジェクトを参照している変数名を使ってアクセスします。メンバ変数には「変数名.メンバ変数名」のように記述してアクセスできます。メソッドには「変数名.メソッド名(引数)」のように記述してアクセスできます。

オブジェクトへのアクセス

オブジェクトを参照している変数名のあとに、「.(ドット)」区切りでメンバ変数名またはメソッド名を指定してアクセスします。

構文
変数名.メンバ変数名
変数名.メソッド名

例：オブジェクトを参照している変数student1を使って、メンバ変数nameとメンバ変数ageにアクセスして値を表示し、hyoujiメソッドを呼び出す。

```
Student student1 = new Student("富士", 30);
System.out.println("名前 : " + student1.name);
System.out.println("年齢 : " + student1.age);
student1.hyouji();
```

実行結果

```
名前 : 富士
年齢 : 30
名前 : 富士      年齢 : 30
```

6

オブジェクト指向

実践してみよう

次のプログラムでは、クラスを定義し、オブジェクトを生成してメンバ変数やメソッドにアクセスしています。

構文の使用例

プログラム：Example6_1_4.java

```
01 class Student {
02     // メンバ変数の定義
03     String name;
04     int age;
05     int total;
06 
07     // コンストラクタの定義
08     Student(String name, int age) {
09         this.name = name;
10         this.age = age;
11     }
```

```
12
13      // sumupメソッドの定義
14      void sumup(int score1, int score2, int score3) {
15          total = score1 + score2 + score3;
16      }
17
18      // hyoujiメソッドの定義
19      void hyouji() {
20          System.out.print("名前 : " + name + '\t');
21          System.out.print("年齢 : " + age + '\t');
22          System.out.println("合計点 : " + total);
23      }
24  }
25
26  class Example6_1_4 {
27      public static void main(String[] args) {
28          Student student1 = new Student("富士", 30);
29          student1.sumup(80,70,40);
30          student1.hyouji();
31          System.out.println("メンバ変数name  : " + student1.name);
32          System.out.println("メンバ変数age   : " + student1.age);
33          System.out.println("メンバ変数total : " + student1.total);
34          System.out.println();
35
36          Student student2 = new Student("鈴木", 25);
37          student2.sumup(90,50,30);
38          student2.hyouji();
39          System.out.println("メンバ変数name  : " + student2.name);
40          System.out.println("メンバ変数age   : " + student2.age);
41          System.out.println("メンバ変数total : " + student2.total);
42          System.out.println();
43
44          Student student3 = new Student("佐藤", 20);
45          student3.sumup(60,100,50);
46          student3.hyouji();
47          System.out.println("メンバ変数name  : " + student3.name);
48          System.out.println("メンバ変数age   : " + student3.age);
49          System.out.println("メンバ変数total : " + student3.total);
50      }
51  }
```

解説

01 Studentクラスの定義を開始する。
02 コメントとして「メンバ変数の定義」を記述する。
03 String型のメンバ変数nameを定義する。
04 int型のメンバ変数ageを定義する。
05 int型のメンバ変数totalを定義する。
06
07 コメントとして「コンストラクタの定義」を記述する。
08 2つの引数（String型の変数nameの値、int型の変数ageの値）を受け取るコンストラクタの定義を開始する。
09 メンバ変数nameに、変数nameの値を代入する。
10 メンバ変数ageに、変数ageの値を代入する。
11 コンストラクタの定義を終了する。
12
13 コメントとして「sumupメソッドの定義」を記述する。
14 3つの引数（int型の変数score1の値、int型の変数score2の値、int型の変数score3の値）を受け取り、戻り値を返さないsumupメソッドの定義を開始する。
15 メンバ変数totalに、変数score1の値と変数score2の値と変数score3の値を足した結果を代入する。
16 sumupメソッドの定義を終了する。
17
18 コメントとして「hyoujiメソッドの定義」を記述する。
19 戻り値を返さないhyoujiメソッドの定義を開始する。
20 文字列「名前 ：」とメンバ変数nameの値とタブを連結して表示する。なお、表示後に改行しない。
21 文字列「年齢 ：」とメンバ変数ageの値とタブを連結して表示する。なお、表示後に改行しない。
22 文字列「合計点 ：」とメンバ変数totalの値を連結して表示する。なお、表示後に改行する。
23 hyoujiメソッドの定義を終了する。
24 Studentクラスの定義を終了する。
25
26 Example6_1_4クラスの定義を開始する。
27 mainメソッドの定義を開始する。
28 Studentクラス型の変数student1を宣言し、文字列「富士」と数値「30」を引数にしてStudentクラスのオブジェクトを生成し、代入する。
29 数値「80」「70」「40」を引数として、変数student1のsumupメソッドを呼び出して実行する。
30 変数student1のhyoujiメソッドを呼び出して実行する。
31 文字列「メンバ変数name ：」と変数student1のメンバ変数nameの値を連結して表示する。なお、表示後に改行する。

32	文字列「メンバ変数age　：」と変数student1のメンバ変数ageの値を連結して表示する。なお、表示後に改行する。
33	文字列「メンバ変数total：」と変数student1のメンバ変数totalの値を連結して表示する。なお、表示後に改行する。
34	改行する。
35	
36	Studentクラス型の変数student2を宣言し、文字列「鈴木」と数値「25」を引数にしてStudentクラスのオブジェクトを生成し、代入する。
37	数値「90」「50」「30」を引数として、変数student2のsumupメソッドを呼び出して実行する。
38	変数student2のhyoujiメソッドを呼び出して実行する。
39	文字列「メンバ変数name　：」と変数student2のメンバ変数nameの値を連結して表示する。なお、表示後に改行する。
40	文字列「メンバ変数age　：」と変数student2のメンバ変数ageの値を連結して表示する。なお、表示後に改行する。
41	文字列「メンバ変数total：」と変数student2のメンバ変数totalの値を連結して表示する。なお、表示後に改行する。
42	改行する。
43	
44	Studentクラス型の変数student3を宣言し、文字列「佐藤」と数値「20」を引数にしてStudentクラスのオブジェクトを生成し、代入する。
45	数値「60」「100」「50」を引数として、変数student3のsumupメソッドを呼び出して実行する。
46	変数student3のhyoujiメソッドを呼び出して実行する。
47	文字列「メンバ変数name　：」と変数student3のメンバ変数nameの値を連結して表示する。なお、表示後に改行する。
48	文字列「メンバ変数age　：」と変数student3のメンバ変数ageの値を連結して表示する。なお、表示後に改行する。
49	文字列「メンバ変数total：」と変数student3のメンバ変数totalの値を連結して表示する。なお、表示後に改行する。
50	mainメソッドの定義を終了する。
51	Example6_1_4クラスの定義を終了する。

実行結果　※プログラムをコンパイルした後に実行してください

```
C:\Users\FOM出版\Documents\FPT2311\06>javac Example6_1_4.java

C:\Users\FOM出版\Documents\FPT2311\06>java Example6_1_4
名前 : 富士     年齢 : 30       合計点 : 190
メンバ変数name  : 富士
メンバ変数age   : 30
メンバ変数total : 190

名前 : 鈴木     年齢 : 25       合計点 : 170
メンバ変数name  : 鈴木
メンバ変数age   : 25
メンバ変数total : 170

名前 : 佐藤     年齢 : 20       合計点 : 210
メンバ変数name  : 佐藤
メンバ変数age   : 20
メンバ変数total : 210

C:\Users\FOM出版\Documents\FPT2311\06>
```

1～24行目で、Studentクラスを作成しています。3～5行目でString型のメンバ変数「name」、int型のメンバ変数「age」、int型のメンバ変数「total」を定義しています。さらに、8～11行目でコンストラクタと、14～16行目で引数で受け取る3つのint型の値を足すsumupメソッドと、19～23行目で3つのメンバ変数の値を表示するhyoujiメソッドを定義しています。

8～11行目のコンストラクタでは、9行目で引数で受け取った変数「name」の値を、メンバ変数「name」に代入しています。10行目で引数で受け取った変数「age」の値を、メンバ変数「age」に代入しています。

14～16行目のsumupメソッドでは、引数で受け取った変数「score1」「score2」「score3」の値を、15行目でそれぞれ足した結果をメンバ変数「total」に代入しています。

19～23行目のhyoujiメソッドでは、20行目で文字列「名前：」とメンバ変数「name」の値とタブを連結した文字列を表示しています。21行目で文字列「年齢：」とメンバ変数「age」の値とタブを連結した文字列を表示しています。22行目で文字列「合計点：」とメンバ変数「total」の値を連結した文字列を表示しています。

26～51行目は、Studentクラスを呼び出す側のプログラムです。

28行目では、文字列「富士」と数値「30」を引数にして、Studentクラスのオブジェクトを生成し、変数student1に代入しています。29行目では数値「80」「70」「40」を引数にして、変数student1のsumupメソッドを呼び出して実行しています。30行目では変数student1のhyoujiメソッドを呼び出して実行することで、文字列を表示し、31行目では文字列「メンバ変数name　：」と変数student1のメンバ変数「name」の値を連結した文字列を表示し、32行目では文字列「メンバ変数age　：」と変数student1のメンバ変数「age」の値を連結した文字列を表示し、33行目では文字列「メンバ変数total：」と変数student1のメンバ変数「total」の値を連結した文字列を表示しています。

36行目では文字列「鈴木」と数値「25」を引数にして、Studentクラスのオブジェクトを生成し、変数student2に代入しています。37行目では、数値「90」「50」「30」を引数にして、変数student2のsumupメソッドを呼び出して実行しています。38行目では変数student2のhyoujiメソッドを呼び出して実行することで、文字列を表示しています。39行目では文字列「メンバ変数name　：」と変数student2のメンバ変数「name」の値を連結した文字列を表示し、40行目では文字列「メンバ変数age　：」と変数student2のメンバ変数「age」の値を連結した文字列を表示し、41行目では文字列「メンバ変数total：」と変数student2のメンバ変数「total」の値を連結した文字列を表示しています。

44行目では、文字列「佐藤」と数値「20」を引数にして、Studentクラスのオブジェクトを生成し、変数student3に代入しています。45行目では、数値「60」「100」「50」を引数にして、変数student3のsumupメソッドを実行しています。46行目ではstudent3のhyoujiメソッドを呼び出して実行することで、文字列を表示しています。47行目では文字列「メンバ変数name　：」と変数student3のメンバ変数「name」の値を連結した文字列を表示し、48行目では文字列「メンバ変数age　：」と変数student3のメンバ変数「age」の値を連結した文字列を表示し、49行目では文字列「メンバ変数total：」と変数student3のメンバ変数「total」の値を連結した文字列を表示しています。

よく起きるエラー

オブジェクト生成時に、コンストラクタで定義された引数を指定しないと、コンパイル時にエラーとなります。

実行結果　※コンパイル時にエラー

```
C:\Users\FOM出版\Documents\FPT2311\06>javac Example6_1_4_e1.java
Example6_1_4_e1.java:28: エラー: クラス Studentのコンストラクタ Studentは指定された型に適用できません。
        Student student1 = new Student("富士");
                           ^
  期待値: String,int
  検出値:    String
  理由: 実引数リストと仮引数リストの長さが異なります
エラー1個

C:\Users\FOM出版\Documents\FPT2311\06>
```

- **エラーの発生場所：28行目「Student student1 = new Student("富士");」**
- **エラーの意味　　：コンストラクタは指定された型に適用できない。**

プログラム：Example6_1_4_e1.java

```
 ⋮        ⋮
26 class Example6_1_4_e1 {
27     public static void main(String[] args) {
28         Student student1 = new Student("富士"); ←―― 渡す引数が足りない
29         student1.sumup(80,70,40);
30         student1.hyouji();
 ⋮           ⋮
```

- **対処方法：28行目に引数ageに渡す値「30」の指定を追加する。**

実習問題

次の実行結果例となるようなプログラムを作成してください。

実行結果例　※プログラムをコンパイルした後に実行してください

```
C:\Users\FOM出版\Documents\FPT2311\06>javac Example6_1_4_p1.java

C:\Users\FOM出版\Documents\FPT2311\06>java Example6_1_4_p1
富士　太郎　です。
30　歳です。
来年の今日は　31　歳になります。

C:\Users\FOM出版\Documents\FPT2311\06>
```

- **概要**　　　：**人の情報（名前、年齢）を管理するPersonクラスを定義する。Personクラスには、人の情報を設定するコンストラクタと、人の情報を表示するメソッド、年齢のメンバ変数の値を1加算するメソッド、年齢のメンバ変数の値を取り出すメソッドを定義する。Personクラスからオブジェクトを生成して、人の情報を設定する。次に、オブジェクトのメソッドを呼び出して人の情報を表示する。さらに、年齢を1加算してから、年齢の値を取り出して表示する。**
- **実習ファイル：Example6_1_4_p1.java**
- **処理の流れ**
  - **Personクラスを作成する。メンバ変数としてString型の変数「name」、int型の変数「age」を定義する。さらに、2つのメンバ変数に値を設定するコンストラクタと、2つのメンバ変数の値を表示するhyoujiメソッドを定義する。**
  - **Personクラスには、メンバ変数ageの値を1加算するaddAgeメソッドを定義する。**
  - **Personクラスには、メンバ変数ageの値を戻り値とするgetAgeメソッドを定義する。**
  - **Personクラスからオブジェクトを生成し、オブジェクトのメンバ変数に従業員情報（文字列「富士　太郎」、数値「30」）を設定する。**
  - **hyoujiメソッドを呼び出して、メンバ変数に格納されている人の情報を表示する。**
  - **addAgeメソッドを呼び出して、メンバ変数ageの値を1加算する。**
  - **getAgeメソッドを呼び出して、オブジェクトのメンバ変数ageの情報を取り出して表示する。**

解答例

プログラム：Example6_1_4_p1.java

```
01 class Person {
02     // メンバ変数の定義
03     String name;
04     int age;
05
```

```
06     // コンストラクタの定義
07     Person(String name, int age) {
08         this.name = name;
09         this.age = age;
10     }
11 
12     // hyoujiメソッドの定義
13     void hyouji() {
14         System.out.println(name + "□です。");
15         System.out.println(age + "□歳です。");
16     }
17 
18     // addAgeメソッドの定義
19     void addAge() {
20         age++;
21     }
22 
23     // getAgeメソッドの定義
24     int getAge() {
25         return age;
26     }
27 }
28 
29 class Example6_1_4_p1 {
30     public static void main(String[] args) {
31         // コンストラクタの呼び出し
32         Person person1 = new Person("富士□太郎", 30);
33 
34         // hyoujiメソッドの呼び出し
35         person1.hyouji();
36 
37         // addAgeメソッドを呼び出す
38         person1.addAge();
39 
40         // 来年の年齢を表示
41         System.out.println("来年の今日は□" + person1.getAge() + "□歳になります。");
42     }
43 }
```

※　□は、全角空白が入っていることを表しています。

解説

01 Personクラスの定義を開始する。
02 　コメントとして「メンバ変数の定義」を記述する。
03 　String型のメンバ変数nameを定義する。
04 　int型のメンバ変数ageを定義する。
05
06 　コメントとして「コンストラクタの定義」を記述する。
07 　2つの引数（String型の変数nameの値、int型のageの値）を受け取るコンストラクタの定義を開始する。
08 　　メンバ変数nameに、変数nameの値を代入する。
09 　　メンバ変数ageに、変数ageの値を代入する。
10 　コンストラクタの定義を終了する。
11
12 　コメントとして「hyoujiメソッドの定義」を記述する。
13 　戻り値を返さないhyoujiメソッドの定義を開始する。
14 　　メンバ変数nameの値と文字列「⬚です。」を連結して表示する。なお、表示後に改行する。
15 　　メンバ変数ageの値と文字列「⬚歳です。」を連結して表示する。なお、表示後に改行する。
16 　hyoujiメソッドの定義を終了する。
17
18 　コメントとして「addAgeメソッドの定義」を記述する。
19 　戻り値を返さないaddAgeメソッドの定義を開始する。
20 　　変数ageの値を1加算する。
21 　addAgeメソッドの定義を終了する。
22
23 　コメントとして「getAgeメソッドの定義」を記述する。
24 　int型の戻り値を返すgetAgeメソッドの定義を開始する。
25 　　変数ageの値をgetAgeメソッドの戻り値として返す。
26 　getAgeメソッドの定義を終了する。
27 Personクラスの定義を終了する。
28
29 Example6_1_4_p1クラスの定義を開始する。
30 　mainメソッドの定義を開始する。
31 　　コメントとして「コンストラクタの呼び出し」を記述する。
32 　　Person型の変数person1を宣言し、文字列「富士⬚太郎」と数値「30」を引数にしてPersonクラスのオブジェクトを生成し、代入する。
33
34 　　コメントとして「hyoujiメソッドの呼び出し」を記述する。
35 　　変数person1のhyoujiメソッドを呼び出して実行する。

36	
37	コメントとして「addAgeメソッドの呼び出し」を記述する。
38	変数person1のaddAgeメソッドを呼び出して実行する。
39	
40	コメントとして「来年の年齢を表示」を記述する。
41	文字列「来年の今日は␣」と、変数person1のgetAgeメソッド呼び出して実行した戻り値と、文字列「␣歳になります。」を連結して表示する。
42	mainメソッドの定義を終了する。
43	Example6_1_4_p1クラスの定義を終了する。

1～27行目で、Personクラスを作成しています。3～4行目でString型のメンバ変数「name」、int型のメンバ変数「age」を定義しています。さらに、7～10行目で2つのメンバ変数に値を設定するコンストラクタと、13～16行目で2つのメンバ変数の値を表示するhyoujiメソッドを定義しています。

19～21行目でメンバ変数ageの値を1加算するaddAgeメソッドを定義し、24～26行目でメンバ変数ageの値を戻り値とするgetAgeメソッドを定義しています。

29～43行目は、Personクラスを呼び出す側のプログラムです。

32行目では、文字列「富士　太郎」と数値「30」を引数にしてコンストラクタを呼び出し、Personクラスのオブジェクトを生成し、変数person1に代入しています。この時点で、オブジェクトのメンバ変数「name」には文字列「富士　太郎」が、メンバ変数「age」には数値「30」が格納されています。

35行目では、変数person1のhyoujiメソッドを呼び出して実行し、オブジェクトのメンバ変数に格納されている人の情報を表示しています。

38行目では、変数person1のaddAgeメソッドを呼び出して実行し、オブジェクトのメンバ変数「age」の値を1加算しています。オブジェクトのメンバ変数「age」の値は、数値「30」から数値「31」に更新されます。

41行目では、変数person1のgetAgeメソッドを呼び出して実行し、オブジェクトのメンバ変数「age」の情報を取り出して表示しています。この時点で、オブジェクトのメンバ変数「age」には数値「31」が格納されているので、この値を表示します。

このように、Personクラスの中に年齢を1加算するようなメソッドを作って、動かすこともできるんだ。

6-2 変数の有効範囲と情報隠蔽

変数には、利用できる有効な範囲があります。また、クラスで定義したメンバ変数は、外から見えるのか見えないのかといった設定があります。そうした変数の有効範囲と情報隠蔽について学んでいきましょう。

6-2-1 スコープ

これまで、プログラムの中で変数を定義して利用してきました。mainメソッドの中や、自分で作ったメソッドの中、さらに自分で作ったクラスの中のメンバ変数など、変数を定義して利用してきました。

ここでは、変数が利用できる有効範囲に注目します。この変数の有効範囲のことを**スコープ**といいます。変数は、一度定義したらどこでも自由に使えるわけではありません。定義した場所によって、使える範囲が決まっています。

クラスの中で定義したメンバ変数は、そのクラスの中であればどこでも利用できます。

「 { } ブロック 」で囲まれた部分で定義した変数（**ローカル変数**といいます）は、そのブロックの中だけで利用できます。mainメソッドや、自分で作ったメソッドの中で定義した変数は、その定義したメソッドの中だけで利用できます。なお、メソッドで定義された引数もローカル変数に該当しますので、ブロックの中だけで利用できます。また、for文の中で定義された変数は、for文の中だけで利用できます。

```
class Student {
    // メンバ変数の定義
    String name;
    int age;
    int total;

    // コンストラクタの定義
    public Student(String name, int age) {
        this.name = name;
        this.age = age;
    }

    // sumupメソッドの定義
    void sumup(int score1, int score2, int score3) {
        total = socre1 + score2 + score3;
    }
```

メンバ変数「name」「age」「total」のスコープ

ローカル変数「name」「age」のスコープ

ローカル変数「score1」「score2」「score3」のスコープ

6 オブジェクト指向

```
    // メソッドの定義
    public void hyouji() {
        System.out.print("名前 : " + name + '\t');
        System.out.println("年齢 : " + age + '\t);
        System.out.println(“合計点 : ” + total);
        int[] score = new int[3];
        for (int i = 0; i < 3 i++) {
            score[i] = 0;
        }
    }
}
```

ローカル変数
「i」のスコープ

ローカル変数（配列）
「score」のスコープ

スコープさえ重複しなければ、同一の変数名は何度でも使用できます。しかし、同じスコープにある場合に同じ変数名を用いると、コンパイル時にエラーが発生します。この例では、メンバ変数のnameとageは、コンストラクタの引数で受け取る変数nameとageと同じ変数名になっていますが、メンバ変数の方を「this.name」「this.age」とすることで、重複を避けています（P.212参照）。

for文の中で宣言したローカル変数のスコープは、「{ } ブロック」で囲まれた部分だけでなく、for文の「( )」の中で指定する条件式や後処理も含まれるよ。

6-2-2 アクセス修飾子

クラスのメンバ変数やメソッドに対する外部からの参照や変更などのアクセスを防ぐことを、**アクセス制御**といいます。クラスの中で定義するメンバ変数やメソッドの前に**アクセス修飾子**を付けることで、外部のクラス（定義したクラスとは別のクラス）からのアクセスを防ぐことができます。

メンバ変数やメソッドの前に指定するアクセス修飾子には、「private」「public」「指定なし」などがあります。

「private」を指定すると、外部のクラスからアクセスできないようにします。

「public」を指定すると、すべてのクラスからアクセスできるようにします（外部のクラスからのアクセスができるようになります）。

「指定なし」にすると、同じパッケージ内の別のクラスからアクセスできるようにし、それ以外のクラスからはアクセスできないようにします。**パッケージ**とは拡張子「class」のファイルの管理単位のことです。今までのプログラムでは「指定なし」でした。なお、同じフォルダに作成した拡張子「class」のファイルは同一パッケージとみなしますので、外部のクラスからでもアクセスできます。

次のプログラムは、StudentAccessクラスの中に、外部のクラスからのアクセスを防いだメンバ変数「name」「age」「total」を宣言しています。また、すべてのクラスからアクセスできるメソッド「sumup」「hyouji」を宣言しています。

```
class StudentAccess {
    // メンバ変数の定義
    private String name;
    private int age;
    private int total;

    // sumupメソッドの定義
    public void sumup(int score1, int score2, int score3) {
        total = score1 + score2 + score3;
    }

    // hyoujiメソッドの定義
    public void hyouji() {
        System.out.print("名前 : " + name + '\t');
        System.out.print("年齢 : " + age + '\t');
        System.out.println("合計点 : " + total);
    }
}
```

この例では、メンバ変数「name」「age」「total」に、アクセス修飾子「private」を付けています。これによって、外部のクラスから、メンバ変数「name」「age」「total」に直接アクセスできないようにしています。

メソッド「sumup」「hyouji」に、アクセス修飾子「public」を付けています。これによって、すべてのクラスから、メソッド「sumup」「hyouji」にアクセスできるようにしています。

オブジェクト指向を活かしたプログラムを作るために、メンバー変数に直接アクセスさせないようにする方法があるよ。

6-2-3 情報隠蔽

一般的には、クラス内において、メンバ変数を「private」として定義して（外部のクラスから直接アクセスできないようにして）、メソッドを「public」として定義します（外部のクラスからでもアクセスできるようにします）。これによって、クラスへのアクセスは、「public」として定義しているメソッドからに限定できます。クラス内のメンバ変数には直接アクセスできませんので、もしクラス内のメンバ変数にアクセスしたい場合には、直接アクセスが可能である「メソッド」を利用することになります。メソッドを利用してアクセスすることで、メンバ変数には直接的ではなく、間接的にアクセスします。このように、クラス内のメンバ変数を、外部のクラスから直接アクセスできなくすることを**情報隠蔽**といいます。

```
class StudentAccess {
    // メンバ変数の定義
    private String name;
    private int age;
    private int total;

    // hyoujiメソッドの定義
    public void hyouji() {
        System.out.print("名前 : " + name + '\t');
        System.out.print("年齢 : " + age + '\t');
        System.out.println("合計点 : " + total);
    }
}
```

```
class Example6_2_3 {
    public static void main(String[] args) {
        StudentAccess student 1 = new Student Access(“富士”, 30);
        student1.sumup(80,70,40);
        student1.hyouji();

        System.out.print(“メンバ変数name : " + student1.name + '\t');
        System.out.println(“メンバ変数age : " + student1.age + '\t);
        System.out.println(“メンバ変数total : ” + student1.total);
    }
}
```

×　メンバ変数「name」「age」「total」には、直接アクセスできない

○　「hyouji」メソッドには直接アクセスできる

StudentAccessクラスでは、情報隠蔽を実現しています。

メンバ変数「name」「age」「total」にアクセス修飾子「private」を付けることで、外部のクラスから直接アクセスできないようにしています。

さらに、「hyouji」メソッドにアクセス修飾子「public」を付けることで、すべてのクラスからアクセスできるようにしています。

メンバ変数「name」「age」「total」には、「student1.name」「student1.age」「student1.total」のように指定して、直接アクセスすることができません。「hyouji」メソッドを利用すると、メンバ変数「name」「age」「total」に間接的にアクセスして、メンバ変数に格納されている値を表示することができます。

例えば、このクラスの「hyouji」メソッドでは、表示する内容をタブでつなげています。これをタブから改行に変更する場合、プログラムの変更が発生します。 変更する範囲に注目すると、「hyouji」メソッド内の一部分を変更すればよく、呼び出し側である外部のクラス内では変更が発生しません。このように、クラス内の部品性や独立性が高まることにより、変更時に影響範囲が限定されるというメリットが得られます。

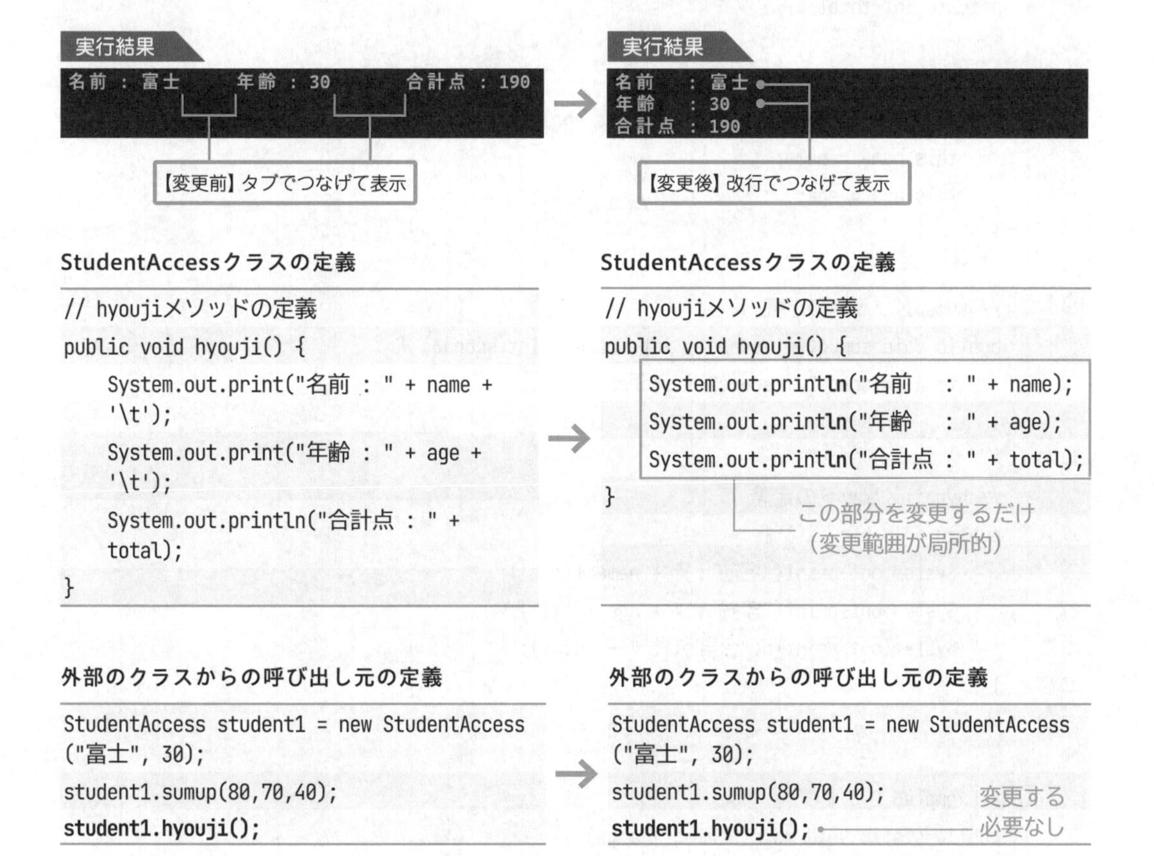

このように情報隠蔽を実現するには、メンバ変数を操作するためのメソッドをクラス内部に定義しなければなりません。しかしその結果、クラスの部品性や独立性が高くなるといったメリットが生まれます。

次のプログラムでは、プログラム「Example6-1-4.java」(P.215参照)をベースにして、メンバ変数とメソッドにアクセス修飾子を付けてクラスを定義しています。このクラスからオブジェクトを生成して、アクセスがどのように変わるのかを確認します。

(クラス名を「StudentAccess」に変更、31〜33行目をコメントに変更、35〜49行目を削除)

構文の使用例

プログラム：Example6_2_3.java

```
01 class StudentAccess {
02     // メンバ変数の定義
03     private String name;
04     private int age;
05     private int total;
06 
07     // コンストラクタの定義
08     public StudentAccess(String name, int age) {
09         this.name = name;
10         this.age = age;
11     }
12 
13     // sumupメソッドの定義
14     public void sumup(int score1, int score2, int score3) {
15         total = score1 + score2 + score3;
16     }
17 
18     // hyoujiメソッドの定義
19     public void hyouji() {
20         System.out.print("名前 : " + name + '\t');
21         System.out.print("年齢 : " + age + '\t');
22         System.out.println("合計点 : " + total);
23     }
24 }
25 
26 class Example6_2_3 {
27     public static void main(String[] args) {
28         StudentAccess student1 = new StudentAccess("富士", 30);
29         student1.sumup(80,70,40);
30         student1.hyouji();
31         // System.out.println("メンバ変数name  : " + student1.name);
```

```
32          // System.out.println("メンバ変数age   : " + student1.age);
33          // System.out.println("メンバ変数total : " + student1.total);
34          System.out.println();
35      }
36  }
```

解説

01 StudentAccessクラスの定義を開始する。
02 　コメントとして「メンバ変数の定義」を記述する。
03 　外部のクラスからのアクセスを防いだ、String型のメンバ変数nameを定義する。
04 　外部のクラスからのアクセスを防いだ、int型のメンバ変数ageを定義する。
05 　外部のクラスからのアクセスを防いだ、int型のメンバ変数totalを定義する。
06
07 　コメントとして「コンストラクタの定義」を記述する。
08 　すべてのクラスからアクセスできる、2つの引数（String型の変数nameの値、int型の変数ageの値）を受け取るコンストラクタの定義を開始する。
09 　　メンバ変数nameに、変数nameの値を代入する。
10 　　メンバ変数ageに、変数ageの値を代入する。
11 　コンストラクタの定義を終了する。
12
13 　コメントとして「sumupメソッドの定義」を記述する。
14 　すべてのクラスからアクセスできる、3つの引数（int型の変数score1の値、int型の変数score2の値、int型の変数score3の値）を受け取り、戻り値を返さないsumupメソッドの定義を開始する。
15 　　メンバ変数totalに、変数score1の値と変数score2の値と変数score3の値を足した結果を代入する。
16 　sumupメソッドの定義を終了する。
17
18 　コメントとして「hyoujiメソッドの定義」を記述する。
19 　すべてのクラスからアクセスできる、戻り値を返さないhyoujiメソッドの定義を開始する。
20 　　文字列「名前 ： 」とメンバ変数nameの値とタブを連結して表示する。なお、表示後に改行しない。
21 　　文字列「年齢 ： 」とメンバ変数ageの値とタブを連結して表示する。なお、表示後に改行しない。
22 　　文字列「合計点 ： 」とメンバ変数totalの値を連結して表示する。なお、表示後に改行する。
23 　hyoujiメソッドの定義を終了する。
24 StudentAccessクラスの定義を終了する。
25
26 Example6_2_3クラスの定義を開始する。
27 　mainメソッドの定義を開始する。
28 　　StudentAccessクラス型の変数student1を宣言し、文字列「富士」と数値「30」を引数にしてStudentAccessクラスのオブジェクトを生成し、代入する。

29	数値「80」「70」「40」を引数として、変数student1のsumupメソッドを呼び出して実行する。
30	変数student1のhyoujiメソッドを呼び出して実行する。
31	※コメントに変更（文字列「メンバ変数name　：」と変数student1のメンバ変数nameの値を連結して表示する。なお、表示後に改行する。）
32	※コメントに変更（文字列「メンバ変数age　 ：」と変数student1のメンバ変数ageの値を連結して表示する。なお、表示後に改行する。）
33	※コメントに変更（文字列「メンバ変数total ：」と変数student1のメンバ変数totalの値を連結して表示する。なお、表示後に改行する。）
34	改行する。
35	mainメソッドの定義を終了する。
36	Example6_2_3クラスの定義を終了する。

実行結果　※プログラムをコンパイルした後に実行してください

```
C:\Users\FOM出版\Documents\FPT2311\06>javac Example6_2_3.java

C:\Users\FOM出版\Documents\FPT2311\06>java Example6_2_3
名前 : 富士      年齢 : 30       合計点 : 190


C:\Users\FOM出版\Documents\FPT2311\06>
```

StudentAccessクラス内のメンバ変数とメソッドを定義する際に、アクセス修飾子を設定しています。

3～5行目でメンバ変数「name」「age」「total」を定義する際に、アクセス修飾子「private」を付けています。これによって、外部のクラスから、メンバ変数「name」「age」「total」に直接アクセスできないようにしています。

14行目で「sumup」メソッドに、19行目で「hyouji」メソッドに、8行目でコンストラクタに、アクセス修飾子「public」を付けています。これによって、すべてのクラスから、「sumup」「hyouji」メソッド、コンストラクタにアクセスできるようにしています。

26～36行目は、StudentAccessクラスを呼び出す側のプログラムです。

28行目でコンストラクタを呼び出すことができ（8行目でアクセス修飾子「public」が指定されているため）、StudentAccessクラスのオブジェクトを作成しています。

29行目でsumupメソッドを呼び出すことができ（14行目でアクセス修飾子「public」が指定されているため）、30行目でhyoujiメソッドを呼び出すことができます（19行目でアクセス修飾子「public」が指定されているため）。

31～33行目は、直接メンバ変数「name」「age」「total」にアクセスするプログラムコードですが、明示的にコメントにしています。このコメントを外してしまうと、コンパイル時にエラーになります。メンバ変数「name」「age」「total」は3～5行目でアクセス修飾子「private」が記述されているので、「student1.name」「student1.age」「student1.total」のように指定して、直接アクセスすることができません。

よく起きるエラー

アクセス修飾子「private」を指定したメンバ変数に直接アクセスすると、コンパイル時にエラーとなります。

実行結果　※コンパイル時にエラー

```
C:\Users\FOM出版\Documents\FPT2311\06>javac Example6_2_3_e1.java
Example6_2_3_e1.java:31: エラー: nameはStudentAccessでprivateアクセスされます
        System.out.println("メンバ変数name  : " + student1.name);
                                                          ^
Example6_2_3_e1.java:32: エラー: ageはStudentAccessでprivateアクセスされます
        System.out.println("メンバ変数age   : " + student1.age);
                                                          ^
Example6_2_3_e1.java:33: エラー: totalはStudentAccessでprivateアクセスされます
        System.out.println("メンバ変数total : " + student1.total);
                                                          ^
エラー3個

C:\Users\FOM出版\Documents\FPT2311\06>
```

- **エラーの発生場所：31行目「System.out.println("メンバ変数name ：" + student1.name);」**
  32行目「System.out.println("メンバ変数age ：" + student1.age);」
  33行目「System.out.println("メンバ変数total ：" + student1.total);」
- **エラーの意味　：privateアクセスされるため値を参照できない。**

プログラム：Example6_2_3_e1.java

```
01 class StudentAccess {
02     // メンバ変数の定義
03     private String name;
04     private int age;        ―メンバ変数には直接アクセスできない
05     private int total;
06 
07     // コンストラクタの定義
08     public StudentAccess(String name, int age) {
09         this.name = name;
10         this.age = age;
11     }
12 
13     // sumupメソッドの定義
14     public void sumup(int score1, int score2, int score3) {
15         total = score1 + score2 + score3;
16     }
17 
18     // hyoujiメソッドの定義
```

```
19      public void hyouji() {
20          System.out.print("名前 : " + name + '\t');
21          System.out.print("年齢 : " + age + '\t');
22          System.out.println("合計点 : " + total);
23      }
24  }
25
26  class Example6_2_3_e1 {
27      public static void main(String[] args) {
28          StudentAccess student1 = new StudentAccess("富士", 30);
29          student1.sumup(80, 70, 40);
30          student1.hyouji();
31          System.out.println("メンバ変数name  : " + student1.name);
32          System.out.println("メンバ変数age   : " + student1.age);
33          System.out.println("メンバ変数total : " + student1.total);
34          System.out.println();
35      }
36  }
```

メンバ変数に直接アクセスしている

- **対処方法：31～33行目をコメントにする（または削除する）。**

このように、仮にメンバー変数に直接アクセスした場合には、エラーになるよ。直接アクセスができないので、オブジェクト指向を活かした動作になるよ。

付録

研修コースのご紹介

富士通ラーニングメディアは、企業の人材育成をご支援するため、個人が成長するための自己研鑽の場として、ヒューマンスキルから最新のITテクニカルスキルまで、幅広いカテゴリに対応した多数のコースカリキュラムをご提供しています。

教室での集合型研修（講習会）、ライブ型研修（オンライン研修）、eラーニングなど、受講スタイルに合わせてコースをご用意しています。豊富なラインナップの中から、お客様の研修体系・スキルアップ計画に合うコースを選んで受講していただけます。

https://www.knowledgewing.com/kw/

Javaに関する研修コースは、充実したラインナップでご提供しています。本書の書籍化のベースとした「プログラミング入門（Java編）」コースをはじめ、さらに上位コースである「Javaプログラミング基礎」や、サーブレット／JSP、JDBC（データベース連携）、Javaのテスト方法のコースなどがありますので、受講いただくことでさらにJavaの上位スキルを習得していただけます。

ここでは、Javaに関連する研修コース（ラインナップ）のうち、講習会を中心とした主要コースについてご紹介します。

※すべてを記載できないため、ここでは一部のコースをご紹介しています。

※2023年8月現在の情報です。今後、コース内容が変更される場合があります。最新情報は、P.238の「研修コースの最新内容について」を参照ください。

Javaプログラミングの基礎を習得する

プログラミング入門（Java編）

プログラムを作成するにあたり必要な基本文法（変数、配列、演算子、制御文など）について学習します。講義ではJava言語を使用した例題プログラムを用いて説明を行い、実習では実際にプログラムを作成して理解を深めます。

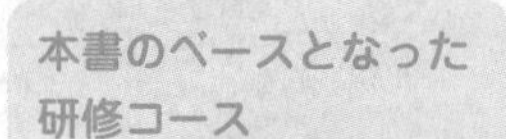

Javaプログラミング基礎

「プログラミング入門（Java編）」の次のステップとして、Java言語の文法およびオブジェクト指向プログラミングについて実習を通して学習します。
オブジェクト指向プログラミングでは、基礎編と応用編に分けて、オーバーロードやカプセル化、オーバーライド、ポリモフィズム、などを学習します。そのほかにも、例外処理や便利なAPIなどを学習します。

本書で入門の知識が身に付いたら、次のステップとしてJavaの大きな特徴であるオブジェクト指向の応用的なプログラミングにも挑戦してみよう！

Webアプリケーションを開発する

サーブレット／JSP／JDBCプログラミング ～Eclipseによる開発～

JavaでWebアプリを実装するために必要なサーブレット／JSP、DBアクセスに必要なJDBCといった、開発現場で必須となるJava要素技術を講義と実習で学習します。要素技術ごとに基本事項を講義と実習で理解していき、最後に、サーブレット、JSP、JDBCを連携させた一つのWebアプリケーションを実装することで、Javaで作成するWebアプリケーションの全体像とその実装方法を習得できます。実際の開発で多く利用されている統合開発環境のEclipseを使用しており、学習した内容を開発現場ですぐに実践できます。

JavaによるWebアプリ開発力養成トレーニング ～実装／単体テスト～

JavaでWebアプリケーションを実装するために必要な「サーブレット／JSP／JDBC」の各要素技術を前提として、設計書（画面仕様やアプリケーション方式など）に基づいた実装と、テスティングフレームワークであるJUnitとDbUnitを利用した単体テストについて、講義と実習で学習します。実習では、オンラインショッピングのWebアプリケーション開発を題材として、実装と単体テストを実施します。

テスト自動化のためのJUnit基礎

テスト自動化を実現するための単体テストツールとしてJavaの開発現場において広く使われているJUnitを中心に、DBアクセス部品をテストする際に効果的なDbUnit、依存関係のある部品をテストする際に効果的なMockito、およびテスト自動化のポイントについて講義と実習で学習します。

SpringによるWebアプリケーション開発（基礎編）

Spring Frameworkの軸となるDI・AOPの考え方をはじめとして、Spring MVCを利用したWebアプリケーション開発、O/RマッピングフレームワークであるMyBatisとSpringを連携したデータベースアクセスについて例題と実習問題を通して構築することで、SpringによるWebアプリケーションの作成方法を学習します。

Javaでできることは、本書で学習したJavaアプリケーションだけでなく、サーブレット／JSPによるWebアプリケーションを作れることだよ。さらに、データベースと連携するJDBCもあるよ。これらサーバ系のJavaプログラミングにも挑戦してみてね。

研修コースの最新内容について

①ブラウザを起動し、次のホームページ（富士通ラーニングメディアのホームページ）にアクセス 【パソコンの場合】

https://www.knowledgewing.com/kw/

※アドレスを入力するとき、間違いがないか確認してください。

①以下のQRコードを読み取り

【スマートフォン・タブレットの場合】

②《コース名・キーワードから探す》の検索ボックスで「Java」と入力し、（検索ボタン）をクリック

Java

※Javaに関連する研修コースの最新内容の一覧が表示されます。

アプリケーションをテストする

アプリケーションテスト 実践トレーニング

システムに求められる品質を保証するために、確実で効果的なテストの方法を学習します。結合テスト、総合テストを中心にテスト項目抽出のポイントや妥当性の判断について講義と演習によって学習します。

Webアプリケーションを開発する

（※前ページからの続き）

SpringによるWebアプリケーション開発（REST API編）

Javaアプリケーション開発においてもモダナイゼーションが進んでおり、Springを利用したアプリケーション開発が注目を集めています。また、APIエコノミーというキーワードに代表されるように、アプリケーション開発においてもAPIの構築や利用は欠かせない技術です。本コースでは、Springを利用してREST APIのサービスとクライアントを作成する方法を講義と実習を通して学習します。

索引

索引

さ行

た行

な行・は行

ま行

や行・ら行

おわりに

最後まで学習を進めていただき、ありがとうございました。Javaの学習はいかがでしたか？

本書では、プログラミング言語Javaの入門書として、基本的な文法から、Javaの特徴を活かしたオブジェクト指向までを解説しました。「プログラムが思ったとおりに動いた！」「Javaのプログラムでこんなこともできるんだ！」など、学習を進める中で楽しさや発見がありましたら幸いです。

プログラミングの学習は、テキストを１回読んだだけではなかなか理解が難しいかもしれませんが、その場合は「実践してみよう」のプログラムを実行して解説と照らし合わせてみたり、「実習問題」をもう一度解き直したりしてみてください。プログラミングに慣れていくことで、段々とわかるようになっていくはずです。

Javaの最大の魅力は、何といってもオブジェクト指向によるプログラミングができることです。本書ではオブジェクト指向によるプログラミングの概要を第６章に収録していますが、その前提知識として必要となる第５章までの内容を徹底的にマスターしていただくことを願っています。

本書は富士通ラーニングメディアの研修コースの１つである「プログラミング入門（Java編）」をベースとしています。研修コースにはほかにも、Javaに関する豊富なコースがラインナップされています。Javaの大きな特徴であるオブジェクト指向の応用的なプログラミングはもちろん、サーブレット／JSPによるWebアプリケーションを作ったり、データベースと連携するJDBCのプログラミングなど、様々な研修コースを選ぶことができます。本書を読み終えたら、興味のある領域でJavaをさらに学んでみてください！

FOM出版

よくわかる
Java入門
～はじめてでもつまずかない
Javaプログラミング～
(FPT2311)

2023年10月5日　初版発行

著作／制作：株式会社富士通ラーニングメディア

発行者：青山　昌裕

発行所：FOM出版（株式会社富士通ラーニングメディア）
〒212-0014 神奈川県川崎市幸区大宮町1番地5
JR川崎タワー
https://www.fom.fujitsu.com/goods/

印刷／製本：株式会社広済堂ネクスト

イラスト：かみじょーひろ

制作協力：株式会社リンクアップ

●本書に関するご質問は、ホームページまたはメールにてお寄せください。
<ホームページ>
上記ホームページ内の「FOM出版」から「QAサポート」にアクセスし、「QAフォームのご案内」からQAフォームを選択して、必要事項をご記入の上、送信してください。
<メール>
FOM-shuppan-QA@cs.jp.fujitsu.com
なお、次の点に関しては、あらかじめご了承ください。
・ご質問の内容によっては、回答に日数を要する場合があります。
・本書の範囲を超えるご質問にはお答えできません。
・電話やFAXによるご質問には一切応じておりません。
●本製品に起因してご使用者に直接または間接的損害が生じても、株式会社富士通ラーニングメディアはいかなる責任も負わないものとし、一切の賠償などは行わないものとします。
●本書に記載された内容などは、予告なく変更される場合があります。
●落丁・乱丁はお取り替えいたします。

ISBN978-4-86775-062-9